电气自动化新技术丛书

闭环过程辨识理论及应用技术

杨平　于会群　彭道刚　徐春梅　著

机械工业出版社

本书主要是探讨面向控制需求的闭环辨识的基本理论以及工程应用技术，探索可工程实现的闭环辨识新方法和新技术。

本书提出了新的辨识六要素定义，关于闭环辨识的可辨识性和可辨识条件的新看法，模型辨识准确度的新定义和通用指标，不稳定过程的闭环辨识新方法，辨识数据采集的参数优化方法以及闭环辨识设定值激励的新技术。本书尽力避免那些晦涩难懂、故弄玄虚和空洞无物的理论阐述，致力于可解决工程实际问题的理论应用问题的研究。所提出的理论方法和应用技术可以认为是当前流行的大数据分析中急需的一种人工智能应用技术——数据驱动建模技术，利用它可完成通用的受控过程的模型自动创建任务。

本书适合于从事控制理论应用研究以及有关大数据分析、人工智能、智能工厂、智能机器和智能识别研究的高校师生和研究所研究人员参考，也适合于从事电力、化工、信息、能源等产业的有关自动化及智能装备的研发人员、维护工程师和技术人员阅读。

图书在版编目（CIP）数据

闭环过程辨识理论及应用技术/杨平等著 . —北京：机械工业出版社，2019.5

（电气自动化新技术丛书）

ISBN 978-7-111-63021-0

Ⅰ. ①闭…　Ⅱ. ①杨…　Ⅲ. ①反馈控制系统－辨识－研究　Ⅳ. ①TP271

中国版本图书馆 CIP 数据核字（2019）第 124550 号

机械工业出版社（北京市百万庄大街22号　邮政编码100037）
策划编辑：林春泉　责任编辑：林春泉
责任校对：赵　燕　封面设计：马精明　责任印制：张　博
北京铭成印刷有限公司印刷
2019年8月第1版第1次印刷
169mm×239mm·8.75 印张·168 千字
0 001—3 000 册
标准书号：ISBN 978-7-111-63021-0
定价：45.00 元

电话服务　　　　　　　　　网络服务
客服电话：010 - 88361066　机 工 官 网：www.cmpbook.com
　　　　　010 - 88379833　机 工 官 博：weibo.com/cmp1952
　　　　　010 - 68326294　金 书 网：www.golden - book.com
封底无防伪标均为盗版　　机工教育服务网：www.cmpedu.com

前　　言

迄今为止，先进控制技术还是很难在实际工程应用中流行起来，原因固然有很多，但至少有一个原因是可以明确的，那就是过程模型辨识应用技术远未成熟。先进控制之所以优越于常规控制，多半依赖于那些针对过程模型所设计的最优控制规律。如果过程模型不准确，那么先进控制的优越性就体现不出来；如果过程模型未知，那么先进控制就成了无源之木，失去了生命力。以在实际应用中最有成效的预测控制为例，其优越性是建立在输出预测准确的基础之上，而输出预测依赖于过程模型，过程模型则必须通过建模试验和建模计算获得（这个建模试验和建模计算就包含了模型辨识技术）。预测控制系统投入运行前必须置入对应的过程模型，而且每过一段时间，需要修整已置入的过程模型。否则，模型的不准确性将直接影响预测控制的品质。所以，每个预测控制应用成功案例都是建立在过程模型被准确辨识的基础上，而每个预测控制应用不成功案例的主要原因则必然包括所依赖的过程模型不够准确。

其实，即便是在实际工程中应用常规控制技术，也需要模型辨识技术来助力。例如，常见的 PID 控制系统在投入实际运行一段时间以后，也常常需要根据实际控制效果重新整定参数，因为过程模型的特性会由于设备老化、环境改变或负载改变而变化。这时，非常需要一种好用的模型辨识技术来助力，只要能够辨识出过程模型参数，那么 PID 控制器的参数重新整定工作就可轻松地完成。

遗憾的是，虽然辨识理论已有近 60 年的发展历史，但是让控制工程师应用起来还是十分困难。面对复杂的实际工程应用问题，似乎成熟且丰富的辨识理论一下变得空洞和贫瘠起来，许多很基本的概念变得模糊不清。例如，按照辨识理论，辨识激励信号至少应该是被辨识系统的 n 阶持续激励信号；可是用一阶的阶跃信号做辨识激励并获得成功的案例比比皆是，难道辨识理论错了？再例如，按照传统的辨识理论，闭环辨识存在可辨识性问题，不满足可辨识条件的闭环系统不应该采用直接辨识方案；可是在实际工程中差不多都是采用直接辨识方案，并且许多系统也不满足已提出的闭环可辨识条件。还有，实际工程中不存在纯理论研究中假设的、纯粹的干净条件。现实的条件不是纯线性的，不是零均值的白噪声，不是单变量的，不是开环的，也不是零初值的等。所以，如果按照实际的现实条件来找对应的辨识理论，那就找不到可用的理论了！即便能找到一些方法研究的文献，看到一些成功应用的案例，也往往只是特例理论，不可通用。

总之，已有的辨识理论在面对当今的工程应用实践的需求时已经显得力不从心、指导乏力了。特别是在大数据分析盛行，机器学习、人工智能等大力发展的年代、迫切需要发展更先进的辨识理论和更实用的辨识技术，这就是本书写作的初心。当然，本书只专注在闭环辨识工程应用这个限定的领域内做了一些力所能及的探索。

本书还可以看成是作者《多容惯性标准传递函数控制器——设计理论及应用技术》和《PID 控制器参数整定方法及应用》两本书的延续。因为《多容惯性标准传递函数控制器——设计理论及应用技术》一书提出了一种依赖于过程模型的先进控制技术，《PID 控制器参数整定方法及应用》一书提出了依赖于过程模型的 PID 控制器参数整定技术，而本书《闭环过程辨识理论及应用技术》正是提供了一种过程模型辨识的实用理论和技术。

杨平
2019 年 4 月

目　录

第 1 章　闭环过程辨识研究进展点评

闭环过程辨识的理论经过 60 多年的研究有了不少成果。在辨识方案中，最基本也是最常用的方案是直接辨识法和间接辨识法。在辨识激励信号中，通常选用白噪声、伪随机信号和阶跃信号。在辨识模型的优化计算方法中，以往用得最多的是最小二乘法；现今更多的人选用的是现代智能优化计算方法。在被辨识过程模型结构中，更倾向于根据过程控制的需要，选用低阶的少参数的线性模型。在被辨识过程模型的选用，较多的是选用离散时间模型，但选用更通用的连续时间模型的比例正在逐渐增加。

1.1　闭环过程辨识的基本概念

1. 关于辨识

据参考文献［1］，辨识的经典定义源自前辈 Zadd L、Eykholf P、Strejc V 和 Ljung L。尤其是 Ljung L 的定义备受推崇。

【Ljung L 的"辨识"定义】**辨识有 3 个要素：数据、模型类和准则。辨识就是按照一个准则，在一组模型类中选择一个与数据拟合得最好的模型。**

笔者认为 Ljung L 的辨识定义虽经典和揭示了辨识的主要本质，但仍不够完善。辨识本身应该不只这 3 个要素，还有以下所述的 3 个要素不可或缺，所以不应被忽视。

首先，**被辨识过程**（过去常被笼统地称为"系统"）就是一个不可忽略的辨识要素。因为与数据拟合得最好的模型并不一定能代表或等价于被辨识过程。辨识的目的不就是寻求被辨识过程的等价模型吗？只要对辨识理论有一定的实践后就不难发现，常见的情况是与数据拟合得很好的模型并不能代表被辨识过程。这或许是因为所依赖的数据不能代表被辨识过程，或许是因为辨识优化计算完成后并没有求得全局最优解。关于所辨识得到的模型是否能代表被辨识过程已有许多种判别方法，但并没有大家一致公认的标准方法。利用被辨识过程先验知识的方法算是其中的一种。例如，对一个公认的、具有自平衡特性的过程进行辨识时，如果得到了一个具有无自平衡特性的过程模型，那么凭借已有的、具有自平衡特性的先验知识就可以断定所辨识得到的这个模型肯定不是所期待的正确模型。事实上，当你依据一个有自平衡特性过程的阶跃响应起始段曲线的数据来辨识模型时，如果采用有自平衡特性过程模型结构进行辨识计算时就可能得到正确过程模型；如果采用无自平衡特性过程模型结构进行辨识计算时就可能得到具有无自平衡特性的错误过程模型。

其次，进行辨识的过程中，"激励"这个要素更不应该忽略。众所周知，对任何被辨识过程，无激励就无响应，或者零激励下只能得到零响应。零响应的数据就是无价值的数据。用无价值的数据进行辨识计算，即使求得了模型也是无价值的模型。此外，激励这个要素非但不可或缺，而且还必须有足够的强度、能量和较适合的频谱带宽才行。试想，当激励信号比背景噪声还要弱时，得到的响应数据又怎能体现被辨识过程在正常激励下的基本响应特性？另一方面，若用低频信号激励具有高频特性的被辨识过程，那么用所得的响应数据辨识计算出过程模型能代表被辨识过程吗？一般而论，成功的辨识是用足够大的信噪比保障的。总之，辨识离不了激励，而且是需要有足够强度和适当带宽的激励。

再者，优化这个要素应该独立提出。准则可以是同样的一个，但优化方法可以选不同的方法。例如，等价准则选误差平方和，方法可选最小二乘算法，也可以选粒子群算法（Particle Swarm Optimization，PSO）。优化方法不同，辨识的效果肯定也不同。例如，选最小二乘法，当计算矩阵的逆不存在时，就被认为该被辨识过程是不可辨识的；但是改用智能优化方法时，就不存在逆阵计算问题，该被辨识过程又可认为是可辨识的。

综上所述，辨识的要素应不止 3 个，还有 3 个。这里不妨将辨识要素重新定义为 **6 个要素：数据、模型、准则、优化、激励和过程**。辨识之含义，若要用一句话来概括，那就是：**根据激励被辨识过程得到的响应数据，按照预设的优化准则，通过优化计算得到与被辨识过程特性等价的模型。**

2. 关于开环辨识

图 1-1 是一个典型的开环过程辨识系统框图。其中 $G_p(s)$ 为被辨识过程，$\hat{G}_p(s)$ 为被辨识过程的模型，$x(t)$ 为过程输入变量，$y(t)$ 为过程输出变量，$\hat{y}(t)$ 为过程模型输出变量，$\varepsilon(t)$ 为过程噪声信号。开环辨识既是对被辨识过程的输入端施加独立于噪声的有一定强度的激励信号，并采集过程输出端的响应数据，再依据被辨识过程的输入输出数据用某种优化计算方法（依据某种准则指标 J）计算被辨识过程的模型。常用的激励信号有：白噪声信号、伪随机信号、阶跃信号、正弦波信号等。常用的辨识优化计算方法有：预报误差法、相关分析法、频谱分析法、最小二乘类方法、智能优化计算类方法等。按照参考文献［2］，预报误差法、相关分析法、频谱分析法被归为经典辨识方法，最小二乘法被归为现代辨识方法。笔者认为，智能优化计算类方法更是一种现代流行的辨识方法，是近年来应用越来越多的有工程应用潜力的新方法。

3. 关于闭环辨识

图 1-2 是闭环过程辨识的系统框图。其中 $G_c(s)$ 为控制器，$r(t)$ 为系统的设

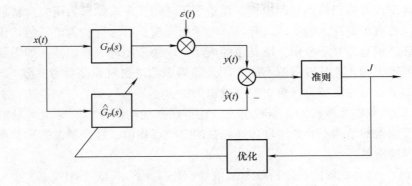

图 1-1 开环过程辨识系统

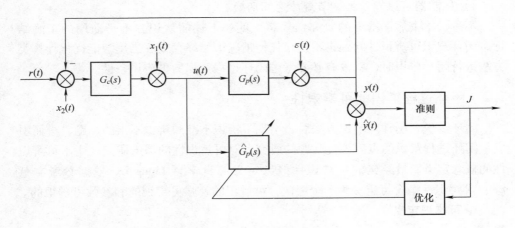

图 1-2 闭环过程辨识系统

定值输入，$G_p(s)$ 为被辨识过程，$\hat{G}_p(s)$ 为被辨识过程的模型，$u(t)$ 为过程输入变量，$y(t)$ 为过程输出变量，$\hat{y}(t)$ 为过程模型输出变量，$\varepsilon(t)$ 为过程噪声信号。

　　闭环辨识的提出源自实际工程应用的需求。虽然开环辨识的许多方法已经比较成熟，但是在实际工程应用中常常不具备应用开环辨识方法的条件。需要被辨识的过程，常常处于闭环控制环境之下，并且由于生产安全性和系统可靠性的考虑，不允许被辨识过程断开闭环，变为开环运行。因此，闭环辨识是人们不得不面对亟需解决的工程实际应用课题。

　　然而，人们发现直接将经典的开环辨识方法应用于闭环辨识后，常常得不到预期的无偏辨识模型，进而发现了所谓的闭环辨识可辨识性问题。一个经常列举的特例是，当控制器为比例控制器时，将开环辨识时好用的预报误差法套用于闭环辨识时，就出现了数据向量线性相关而导致奇异矩阵，最终使辨识计算被迫中止的情况。

闭环辨识可辨识性问题的出现，促进了闭环辨识理论的深入研究。特别是针对可辨识性有了更深入的探讨。此外，对于闭环辨识有一种较为流行的认识，那就是闭环辨识套用开环辨识方法是否能成功，取决于闭环可辨识性。如果证明闭环是不可辨识的，那其过程就不能套用开环辨识方法去辨识。参考文献［3］还列出了如下4条的闭环过程辨识的可辨识条件：

1）当控制器是线性的、非时变的，且不存在扰动信号，给定值又是恒定的时候，控制器的结构不导致闭环传递函数的零极点相消，且控制器的阶数不低于过程的模型阶数。

2）$u(t)$含有足够阶次的持续激励信号，并与噪声$\varepsilon(t)$不相关。

3）控制器是时变的，或是非线性。

4）控制器可以在几种调节规律之间切换。

不过，本书后面给出的研究结果将表明：上述的认识并不是通用的正确结论，闭环辨识可辨识性问题也不是在任何情况下始终存在，当用智能优化计算类方法进行闭环辨识时，就没有必要考虑闭环过程辨识的可辨识条件。

1.2 闭环过程辨识的可辨识性

闭环辨识套用开环辨识方法后，出现了辨识不准和辨识不出的问题，进而引发了闭环过程辨识的可辨识性问题的研究。对可辨识性的深入研究产生了可辨识性的概念定义。最经典的可辨识性概念定义源自学者 Ljung L。根据参考文献［3］可辨识性概念可定义为3个层次：可辨识的、强可辨识的和参数可辨识的。

1. 可辨识定义

若

$$\hat{\theta}(L,S,M,I,X) \underset{L\to\infty}{\to} D_T(S,M) \tag{1-1}$$

即采用辨识方法I依据足够多的数据（L为数据长度），在实验条件X下得到模型参数估计$\hat{\theta}$，从而得到与系统S等价的模型$D_T(S,M)$，则称系统S在模型类M、辨识方法I及实验条件X下是可辨识的，记作$SI(M,I,X)$。

2. 强可辨识定义

若系统S对一切使$D_T(S,M)$非空的模型都是$SI(M,I,X)$的，那么称系统是强可辨识的，记作$SSI(I,X)$。

3. 参数可辨识定义

若系统S是$SI(M,I,X)$的，且$D_T(S,M)$仅含一个元素，则称系统是参数可辨识的，记作$PI(M,I,X)$。

显然，这3项定义是抽象的和费解的，至少从工程应用的角度看是难理解的。但是有一点容易看出，那就是系统的可辨识性与系统（S）、模型（M）、辨识方法（I）、实验条件（X）以及数据长度（L）等5个因素有关。与我们前面提出的辨识6要素相比较，"过程""模型""优化"和"数据"4个要素正好与S、M、I、L相吻合。那么，多出的要素正是"过程"，即S，这一点可认为是"辨识六要素观"的一种佐证。不过从文献上看实验条件X是意指开环或闭环实验条件，并不指"激励"。但是开环或闭环实验条件的变化，本质上是激励信号的变化。如果把这里的实验条件X理解为要素"激励"，那么所提出的"辨识6要素观"就得到了又一个佐证。

若是将上述用抽象的数学语言表达的3项可辨识性定义换用更通俗的文字语言来表达，则可能更容易被理解些。不妨将上述的可辨识性定义表达为：

1）如果能用确定的辨识方法、实验条件和模型集合的某元素辨识出与被辨识系统具有相同外特征的模型，那么可称该系统是可辨识的。

2）如果系统是可辨识的，并且是用模型集合的任一元素都可成功辨识出模型，那么可称该系统是强可辨识的。

3）如果系统是可辨识的，并且所用的是模型集合的唯一元素，那么可称该系统是参数可辨识的。

对于可辨识性的3项定义，其实理解第一项定义就够了。因为只要能辨识一个过程模型，就满足了判定系统可辨识性的需求。至于强可辨识性和参数可辨识性的细分，对于实际工程应用是无意义的。面向对控制的辨识需求只是获得一个大致准确的过程模型，一个就够了。所以是不是强可辨识或是参数可辨识并不重要。

如果想依据可辨识性定义完成一种实际可执行的可辨识性测试，可想而知是一项几乎无法完成的工作。因为如何判断已辨识的模型具有等同于原过程的特征并无公认的可参照的具体标准。何况现实中真实过程的具体模型是一般辨识前不知道的。即使有真实过程的响应曲线，也难找到对应的具体准确模型。所以，关于可辨识性的定义，更多的只是具有理论研究和定性分析的意义。

应该指出，上述的可辨识性定义是通用的，并不是闭环专用的。无论是开环辨识还是闭环辨识，被辨识过程的可辨识性都与辨识的6个要素（数据、模型、准则、优化、激励和过程）相关。

1.3 闭环过程辨识的辨识方案

虽然，至今已出现多种闭环过程辨识方法[4-15]，诸如直接法、间接法、联合输入输出法、两阶段法、参数化法、互质因子法、噪声协方差补偿法、输出误差递推校正法、闭环响应特征试验法、子空间法、子模型法和NLJ法等，但是不难发现公认的可在工程应用中推广的方法却很少。众多闭环过程辨识新方法难以应用的主要原因可归结为方法过于复杂且在工程现场实施缺乏条件，必做的辨识试验可能会危及生产安全，现场工程技术人员难以理解和掌握现有的辨识技术。因此，从工程实用的角度来看，更应该关注的是那些有工程应用潜力的闭环过程辨识方法。

从已发表的闭环过程辨识研究文献来看，能实际应用的主要是直接法和间接法，而且直接法应用的案例远远多于间接法。虽然参考文献［4］把联合输入输出法也归为闭环过程辨识的经典方法，但是笔者认为联合输入输出法过于复杂，难以在工程中应用。

所谓闭环过程辨识的直接法就是依据闭环条件下得到的过程输入和过程输出数据，直接套用开环辨识方法进行被辨识过程模型的优化计算。关于闭环过程直接法辨识的研究文献很多，直接法的优点很明显，那就是简单易行；有文献指出，在可辨识条件较好的情况下具有和开环辨识一样的辨识精度，甚至在噪声较强的时候有着比开环辨识更好的效果。直接法的缺点也很明显，那就是无视闭环引起的可辨识问题而强行套用经典的开环辨识方法，自然冒着辨识失败的风险；即用直接法的闭环辨识的辨识有效性和可靠性是没有保障的。不过，后述的研究结果表明，当采用智能优化计算类方法进行闭环辨识时，这个缺点就不必多虑了。

所谓闭环过程辨识的间接法则是依据闭环系统的输入和输出数据，先用开环辨识方法辨识闭环系统的模型，再利用已知的控制器模型和辨识所得的闭环系统的模型去推算过程模型。虽然用间接法辨识是辨识闭环系统整体的模型，不存在闭环引起的可辨识问题，用开环辨识方法辨识的结果是有效的和可靠的，但是深入研究的结果表明，闭环系统模型的辨识成功并不意味着过程模型的辨识成功。恰恰是由闭环系统模型反推过程模型的工作有难度、有多解和有误差，可能致使采用闭环过程的间接法辨识毫无优势可言。

还有一种方法[16-18]比较实用，它是类似于的 PID 整定的闭环试验方法。因为是用闭环特征参数推算过程模型，也可归类于闭环过程辨识的间接法。这里不妨称之为闭环特征参数推算法。只要调整闭环控制系统中的控制器参数使系统呈现衰减振荡特性，就可使用这种方法。应用该方法有 3 个步骤：1）做一次系统的阶跃响应试验；2）根据已得阶跃响应曲线算出几个闭环特征参数；3）根据一些预推公式算出过程模型参数。显然，该方法的有效性和可靠性是有保障的，但是它的局限性在于只适用于那些能成功做成衰减振荡特性试验的系统。

1.4 闭环过程辨识的激励信号

在闭环过程辨识中使用的激励信号有阶跃信号、伪随机信号、广义白噪声信号、方波信号和正弦波信号，最常用的是阶跃信号和伪随机信号。

阶跃信号产生简单，施加容易，所以在实际中用得最普遍。阶跃信号被认为是一阶的持续激励信号，那么对于高于一阶的被辨识过程的辨识就被认为是阶数不够的激励信号。然而也有不同的观点[19]认为所谓至少 n 阶的持续激励辨识条件，不过是充分条件而不是必要条件，所以阶跃信号可用于高于 n 阶的被辨识过程。已有不少文献报道了用阶跃信号成功辨识高于 n 阶的被辨识过程的案例。对此，笔者认为所谓至少 $2n$ 阶的持续激励辨识条件，是基于离散过程模型辨识导出的结论，并非可套用于一切被辨识过程，例如连续时间过程。

伪随机信号（Pseudo – Random Binary Sequence，PRBS）的产生需要运行一段计算机程序，所以比用阶跃信号要复杂、困难一些。在实际工程应用时，常需要配置专门的计算机设备，还需要专业的技术人员专门实施。

闭环过程辨识工程实施时，激励信号常在控制器的输出端或设定值的输入端加入。用直接法辨识时，激励信号应加在控制器的输出端或设定值的输入端。用间接法辨识时，激励信号只应加在设定值的输入端。

1.5 闭环过程辨识的优化计算方法

辨识问题可归结为一个最优化问题。无论考虑的被辨识过程是在开环架构下还是在闭环架构下，其模型辨识都是归结为最优化问题。

据参考文献 [20]，对于被辨识过程 S，施加输入序列 u_k 后，可得到过程输出序列 y_k。假设有模型 M，可描述过程 S，则当把同样的序列 u_k 施加于模型 M 后，可产生模型输出序列 $\hat{y}_k$。参见图 1-3。

若定义一个损失函数

$$J = \frac{1}{N}\sum_{k=1}^{N}(y_k - \hat{y}_k)^2 \tag{1-2}$$

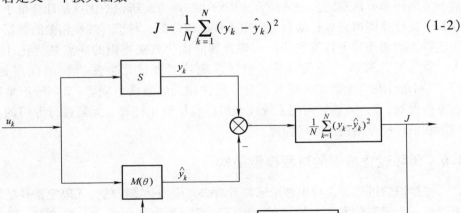

图 1-3 过程模型辨识的最优化系统

设模型 M 的结构已确定，其特性可用参数 θ 完全定义，则过程模型辨识的问题可归结为寻求最优的模型参数 $\hat{\theta}$ 使损失函数 J 最小的最优化问题，即

$$\hat{\theta} = \underset{\theta}{\arg\min} J \tag{1-3}$$

例如，针对一个被辨识的连续时间过程，其模型结构确定为

$$G(s) = \frac{Y(s)}{U(s)} = \frac{b_m s^m + b_{m-1} s^{m-1} + \cdots + b_1 s + b_0}{s^n + a_{n-1} s^{n-1} + \cdots + a_1 s + a_0} \tag{1-4}$$

若对这个过程施加激励信号 u_k，并获得了过程输出信号 y_k，则可利用仿真技术通过假设模型获得在激励信号 u_k 下的模拟过程输出 $\hat{y}_k$。

设模拟过程输出 $\hat{y}_k$ 与实际过程输出 y_k 的方差为优化目标函数，即

$$J = \frac{1}{N} \sum_{k=1}^{N} (y_k - \hat{y}_k)^2 \tag{1-5}$$

以模型参数为优化参数，即令

$$\theta = \{b_m, b_{m-1}, \cdots, b_1, b_0, a_n, a_{n-1}, \cdots, a_1, a_0\} \tag{1-6}$$

则可利用最优化方法求得使目标函数 J 最小的最优模型参数

$$\hat{\theta} = \underset{\theta}{\arg\min} J \tag{1-7}$$

闭环辨识和开环辨识一样，都可以归结为一个最优化问题。所以解决这个最优化问题的最优计算方法对于闭环辨识或是开环辨识都是一样的。经典的辨识理论所用的最优化方法主要是最小二乘法。现代辨识理论更倾向用现代智能优化方法。两类方法都能完成一般的辨识计算任务，但是在应用条件、计算精度和计算效率方面还是有区别的。一般而言，用最小二乘方法辨识的优点是计算量小，大多是一次计算即可完成；缺点是应用条件比较苛刻，对于有线性相关的数据，常因逆阵无解而使辨识计算终止。用现代智能优化方法辨识的缺点是优化计算量大，常需要几百次的迭代计算。但是用现代智能优化方法辨识的优点更多：1）应用条件宽，无需逆阵运算，对于线性相关的数据也能算；2）辨识精度可以做得很高；3）对连续时间系统模型可以直接辨识计算，无需进行专门的参数向量和估计模型结构的专门构建。

1.6 闭环过程辨识的过程模型结构

被辨识的过程，在辨识理论研究者看来，应该是宽泛的，无限定条件的。它可以是一个经济学意义上的过程，也可以是一种生物学意义上的过程。定义越宽，则理论意义越大。但是，在辨识技术应用工程师看来，被辨识的过程最好明确、具体并且结构简单。否则，模型辨识就是一句空话，没有实际意义。一个实际过程的辨识，成败几乎取决于它是否足够简单。哪怕增加一个参数，实际辨识难度就可能增大以致辨识失败。闭环过程辨识中的被辨识过程，大多数还是指过

程控制学意义的过程。不妨把被辨识的过程就限制在过程控制领域。前辈 Ljung L 也提倡面向控制的辨识研究，并且指出：在工业控制实践中，面向控制的辨识意味着辨识那些可用于 PID 参数整定需要的简单过程模型，这些模型只有一阶或二阶，不高于三阶，可带有时滞环节。

Ljung L 在参考文献［21］中给出了几种可用于工业控制器参数整定的简单过程模型结构：单容时滞型、单容时滞积分型、双容时滞型、双容时滞超前型和振荡超前时滞型。

关于模型结构，应该包含更全面的概念。如就传递函数型的线性模型而言，模型结构应指零点、极点、增益、阶数及纯迟延时间。但是，在以往的有关辨识的教科书和研究文献中，常涉及的模型结构概念只是指模型的阶数。这或许是因为辨识理论的初期研究常基于以通用多项式表达的离散时间模型；还有就是黑箱式辨识时完全没有被辨识过程的先验知识，也就无法确定更深层的模型结构信息。但是在工程应用界，被辨识过程大多是已有许多先验知识的过程。这些先验知识来自机理建模分析，来自以往的控制实践。根据这些先验知识，大多数被辨识过程的模型结构已经可以确定。例如，可确定为一个有自平衡过程，可确定为一个多容惯性过程，或是可确定为有积分特性的过程等。因此，不利用这些模型结构信息，还当作黑箱过程处理，显然是太不明智了。

第2章　闭环过程辨识理论的研究

2.1　模型辨识准确度

辨识工作是否成功应该有一个检验标准，即比较辨识方法、辨识计算算法、辨识试验方案、辨识激励信号设计方法、辨识模型结构选取方案以及辨识数据采集方法优劣的实际需要。然而，迄今为止尚未出现一种被普遍认可的用于模型辨识的检验标准。为此，在这里提出模型辨识准确度的定义和两类模型辨识准确度指标计算公式。

1. 模型辨识准确度的定义

根据前述辨识的定义，模型辨识本质就是：根据激励被辨识过程得到的响应数据，通过优化计算得到与被辨识过程特性等价的模型。可以认为模型辨识的关键在于被辨识过程和辨识所得模型之间的特性等价性。两者之间的等价程度越高，则意味着模型辨识得越准确。因此，模型辨识准确度的概念就是被辨识过程和辨识所得模型之间的特性等价程度。换言之，模型辨识准确度可被定义为被辨识过程和辨识所得模型之间的特性等价程度。

2. 基于响应数据吻合度的模型辨识准确度指标

为了比较被辨识过程和辨识所得模型之间的特性等价程度，不妨构建如图2-1所示的被辨识过程和辨识所得模型之间的特性等价比较系统。其中，$G_p(s)$为被辨识过程，$\hat{G}_p(s)$为辨识所得模型，$u(t)$为输入激励，$y(t)$为输出响应，$\varepsilon(t)$为模型误差。

当把同样的输入激励序列u_k同时加在被辨识过程和辨识所得模型后，可得到过程输出序列y_k和模型输出序列$\hat{y}_k$，于是如下定义的两种指标就可计算。这两种指标可以衡量在相同激励下被辨识过程和辨识所得模型之间的响应曲线吻合程度。

相对最大误差百分数

$$J_1 = \frac{\max\{\,|y_k - \hat{y}_k|\,\}}{\max\{y_k\} - \min\{y_k\}} \times 100\% \tag{2-1}$$

相对均方差百分数

$$J_2 = \frac{\sqrt{\dfrac{1}{N}\sum_{k=1}^{N}(y_k - \hat{y}_k)^2}}{\max\{y_k\} - \min\{y_k\}} \times 100\% \tag{2-2}$$

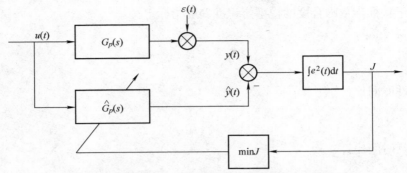

图 2-1 被辨识过程和辨识模型间的特性等价比较系统

显然，以上定义的相对最大误差百分数和相对均方差百分数是衡量在相同激励下被辨识过程和辨识所得模型之间响应数据的吻合程度。这两个指标也是实验数据误差分析中常见的指标，通用性强，便于接受和理解。在数据采集、模型结构选取以及辨识方法等方面均无问题时，这两个指标是模型辨识准确度检验的首选指标。

J_1 和 J_2 的数值单位都是百分数，都是相对于过程输出响应的论域或量程而言。所以 J_1 和 J_2 的数值大小之分，直观表明了模型误差相对于过程输出响应的论域或量程的百分比例。因此，可以人为设立模型辨识准确度指标的合格性界线，例如设置 J_1 的合格线为 20%，设置 J_2 的合格线为 10%；或者更严格一些，设置 J_1 的合格线为 10%，设置 J_2 的合格线为 5%。一般而言，合格线的设立有助于模型辨识方法的优化和模型辨识工作的展开。

3. 基于特征参数吻合度的模型辨识准确度指标

在数据采集、模型结构选取以及辨识方法等方面有不当问题时，仅仅使用上述基于响应数据吻合度的模型辨识准确度指标是不够的。例如，当模型结构选取不当时（例如用无自平衡特性结构的模型去辨识有自平衡特性过程），即使得到使 J_1 和 J_2 最小数值的模型，那也是错误的模型。再例如，若把负作用过程当作正作用过程来辨识，所得到的模型就是反方向的模型，所得模型根本不可用。此时应该考虑如下所述的衡量被辨识过程和辨识所得模型之间的特征参数的吻合程度的指标。这类指标不妨称为基于特征参数吻合度的模型辨识准确度指标。选用基于特征参数吻合度的模型辨识准确度指标可对所辨识的模型进行定性或定向的模型偏差检验。

假定过程辨识前已经对被辨识过程有一定的定性的和定量的认识，知道了被辨识过程的一些特征参数，其参数值可能不准确，但至少其数量级是准确的，那么就可以采用以下定义的基于特征参数吻合度的模型辨识准确度指标来评价模型辨识准确度。

基于特征参数吻合度的模型辨识准确度指标定义：

增益比：

$$P_1 = \frac{\hat{K}}{K} \qquad (2-3)$$

惯性时间比：

$$P_2 = \frac{\hat{T}}{T} \qquad (2-4)$$

迟延时间比：

$$P_3 = \frac{\hat{\tau}}{\tau} \qquad (2-5)$$

增益积：

$$P_4 = K * \hat{K} \qquad (2-6)$$

上述的特征参数准确性指标共有 4 项。其计算公式中，被辨识过程的先验特征参数分别为增益 K、惯性时间 T、延迟时间 τ。辨识所得模型的特征参数分别为：增益 $\hat{K}$、惯性时间 $\hat{T}$、延迟时间 $\hat{\tau}$。被辨识过程的先验特征参数在辨识前一般是可根据被辨识过程的先验知识估算一个数值。一般而言，指标 P_1、P_2 和 P_3 越接近于 1 越好。而对于 P_4，则要看是否大于 0。当 $P_4 > 0$，说明 K 与 $\hat{K}$ 同号，则表明作用方向相同。当 $P_4 < 0$，说明 K 与 $\hat{K}$ 不同号，则表明作用方向相反，或者是 $\hat{K}$ 错了。

4. 模型辨识准确度指标应用举例

针对某已知二输入一输出的被辨识过程，假设其模型为

$$G_{11}(s) = \frac{2}{200s + 1}$$

$$G_{21}(s) = \frac{895(90s + 1)}{(2s + 1)(45s + 1)(230s + 1)}$$

则有模型的先验特征参数为

$$K_{11} = 2$$
$$K_{21} = 895$$
$$T_{11} = 200$$
$$T_{21} = 2 + 45 + 230 - 90 = 187$$

当通过辨识试验获取 800 点过程输出响应 $\{y_1(k), k = 1, 2, \cdots, 800\}$、输入数据 $\{u_1(k), k = 1, 2, \cdots, 800\}$ 和输入数据 $\{u_2(k), k = 1, 2, \cdots, 800\}$，并通过粒子群优化算法（PSO）辨识程序得到的辨识模型为

$$\hat{G}_{11}(s) = \frac{2.191}{232.9s + 1}$$

$$\hat{G}_{21}(s) = \frac{951.1(97.11s + 1)}{(1.995s + 1)(45.79s + 1)(259.3s + 1)}$$

则有辨识模型的特征参数为

$$Km_{11} = 2.191$$

$$Km_{21} = 951.1$$

$$Tm_{11} = 232.9$$

$$Tm_{21} = 1.995 + 45.79 + 259.3 - 97.11 = 209.975$$

根据所提出的辨识模型准确性评价指标计算公式，可以得到

$$J_1 = \frac{\max\{|y_j(k) - ym_j(k)|\}}{\max\{y_j(k)\} - \min\{y_j(k)\}} \times 100\% = 0.0066\%$$

$$J_2 = \frac{\sqrt{\frac{1}{N}\sum_{k=1}^{N}(y_j(k) - ym_j(k))^2}}{\max\{y_j(k)\} - \min\{y_j(k)\}} \times 100\% = 0.0037\%$$

$$P1_{11} = \frac{Km_{11}}{K_{11}} = \frac{2.191}{2} = 1.0955$$

$$P1_{21} = \frac{Km_{21}}{K_{21}} = \frac{951.1}{895} = 1.0627$$

$$P2_{11} = \frac{Tm_{11}}{T_{11}} = \frac{232.9}{200} = 1.1645$$

$$P2_{21} = \frac{Tm_{21}}{T_{21}} = \frac{209.975}{187} = 1.12286$$

$$P4_{11} = Km_{11}K_{11} = 2.191 \times 2 > 0$$

$$P4_{21} = Km_{21}K_{21} = 951.1 \times 895 > 0$$

分析已得的模型辨识准确度指标数据可以看出：该辨识模型的总体准确性很好（相对最大误差百分数 J_1 和相对均方差百分数 J_2 均小于 0.01%）；各特征参数的准确度也很高（辨识模型与先验模型的增益比 $P1$ 和辨识模型与先验模型的惯性时间比都接近 1），并且其辨识出的增益参数没有方向性偏差（辨识模型与先验模型的增益积 $P4$ 大于零）。由于被辨识过程没有迟延，故不用计算和分析辨识模型与先验模型的迟延时间比 $P3$。

2.2　辨识试验方案设计与过程激励和响应数据采集

在进行模型辨识前，需要设计辨识试验方案。辨识试验方案中要确定的内容主要有：辨识数据采样周期的选取、辨识激励信号及施加点的选择、辨识数据长度（辨识数据记录时间长度）、辨识数据变量的选择、辨识试验的起始条件和终

止条件，以及辨识试验期间的危急情况保护预案等。

1. 辨识数据采样周期的选取

辨识数据采样周期的选取，应当依据香农采样定理，所选的采样频率至少是最高工作频率的两倍。由于一般最高工作频率难以估计，一般可根据闭环系统的调整时间来确定，例如取调整时间的1/1000。对于计算机控制系统（特指离散时间控制系统，而不是离散化的连续时间控制系统），固定的控制周期已经确定，直接取辨识数据采样周期为控制周期也可。

若设闭环控制系统的调整时间 t_s 已经测得，那么辨识数据采样周期 T_s 可按下式计算

$$T_s = \frac{t_s}{k_s} \tag{2-7}$$

式中，k_s 为经验值，其取值范围为 500~5000。

2. 辨识数据长度的选取

辨识数据长度的选取，理论上没有严格的限定。根据渐进辨识理论，辨识数据长度越长越好，当然这是在没有不可预计的随机扰动的情况下。显然，辨识数据长度取得较长时，发生随机扰动的概率也加大了，这将增加了模型辨识不准确的风险。另一方面，从辨识数据所含的模型辨识所需的信息量而言，辨识数据长度越短，所能得到信息量就可能越少，以至于所能辨识出的模型就可能越不准确。因此，从确保模型辨识所需的信息量足够大的角度，不妨按以下经验公式选取辨识数据长度 N_L

$$N_L = \text{INT}\left(\frac{k_N t_s}{T_s}\right) \tag{2-8}$$

式中，k_N 为经验值，其取值范围为 0.5~9；t_s 为闭环控制系统的调整时间；INT（.）表示取整函数。

后述的仿真案例表明：若对简单模型（少参数模型）辨识，很短的辨识数据长度可能就够了；而对于复杂模型（多参数模型），只有较长的辨识数据长度才够用。

3. 辨识激励信号施加点的选择

辨识激励信号施加点的选择。通常，对于闭环控制系统，辨识激励信号常施加在设定值端或控制器输出端。辨识激励信号施加在设定值端的方案更值得推荐，因为将激励信号施加在设定值端的方案更容易在实际工程中实现。研究表明，激励信号无论加在设定值端还是加在控制器输出端对辨识没有本质上的影响。

4. 仿真试验案例

（1）辨识数据采样周期选取案例

假设一个闭环控制系统，其被控过程为

$$G_p(s) = \frac{10}{10s + 1} e^{-s}$$

其控制器为

$$G_c(s) = 1.18\left(1 + \frac{1}{2s} + 0.5s\right)$$

设采样周期为 0.1s，取数据长度为 600，可得到在设定值阶跃激励（阶跃幅值取 5）下的辨识数据，从而可绘制出如图 2-2 所示的过程输入响应曲线和如图 2-3 所示的过程输出响应曲线。根据所得数据进行 PSO 辨识计算可得模型

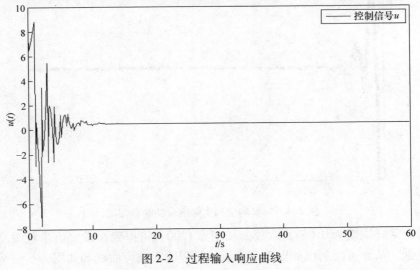

图 2-2　过程输入响应曲线

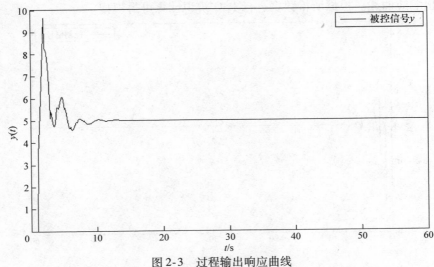

图 2-3　过程输出响应曲线

$$\hat{G}_p(s) = \frac{10.1427}{6.5607s + 1}e^{-0.8474s}$$

相应的模型准确度指标为相对最大误差百分数 $J_1 = 18.8940\%$ ，相对均方差百分数 $J_2 = 2.8290\%$ 。模型响应和实际响应的吻合曲线如图 2-4 所示。

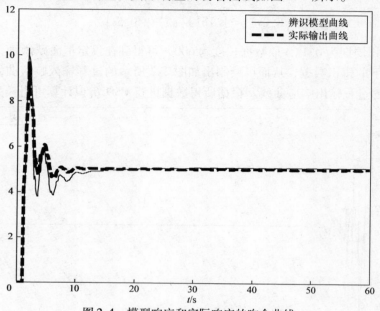

图 2-4 模型响应和实际响应的吻合曲线

若设采样周期为 $0.05\mathrm{s}$ ，取数据长度为 1200，可得到在设定值阶跃激励下的辨识数据，从而可绘制出如图 2-5 所示的过程输入响应曲线和如图 2-6 所示的过程输出响应曲线。根据所得数据进行 PSO 辨识计算可得模型

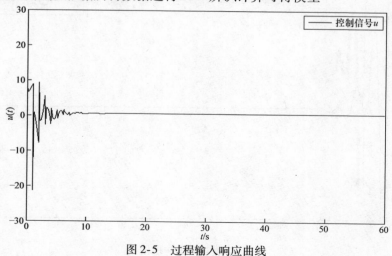

图 2-5 过程输入响应曲线

$$\hat{G}_p(s) = \frac{10.1373}{6.5584s + 1} e^{-0.9490s}$$

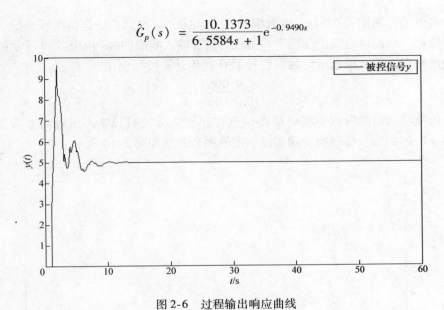

图 2-6   过程输出响应曲线

相应的模型准确度指标为相对最大误差百分数 $J_1 = 18.0704\%$ ，相对均方差百分数 $J_2 = 2.4714\%$ 。模型响应和实际响应的吻合曲线如图 2-7 所示。

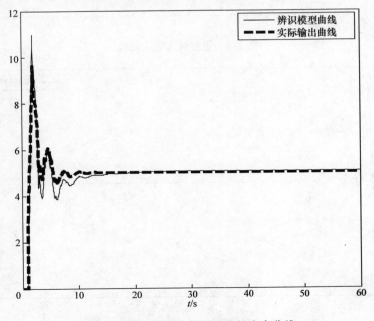

图 2-7   模型响应和实际响应的吻合曲线

若设采样周期为0.01s,取数据长度为6000,可得到在设定值阶跃激励下的辨识数据,从而可绘制出如图2-8所示的过程输入响应曲线和如图2-9所示的过程输出响应曲线。根据所得数据进行PSO辨识计算可得模型

$$\hat{G}_p(s) = \frac{9.9969}{10.1005s + 1}e^{-1.1002s}$$

相应的模型准确度指标为相对最大误差百分数 $J_1 = 0.4132\%$,相对均方差百分数 $J_2 = 0.0449\%$。模型响应和实际响应的吻合曲线如图2-10所示。

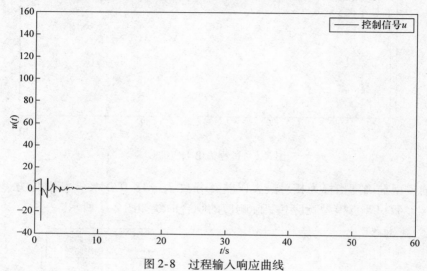

图2-8 过程输入响应曲线

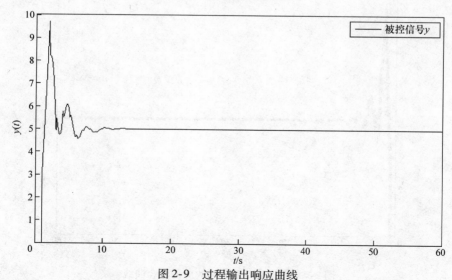

图2-9 过程输出响应曲线

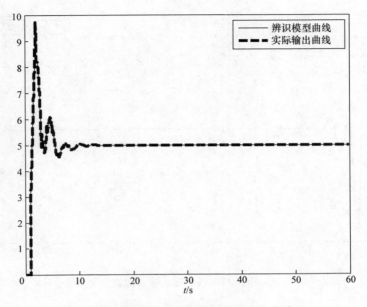

图 2-10　模型响应和实际响应的吻合曲线

综上所述，模型辨识时，辨识数据采样周期的选择至少应该小于闭环控制系统的调整时间的 1/300。测取闭环控制系统的调整时间为 15s，则采样周期为 0.01s 时相当于调整时间的 1/1500；采样周期为 0.05s 时相当于调整时间的 1/300；采样周期为 0.1s 时相当于调整时间的 1/150。从过程输入曲线可以看出，当采样周期较大（0.1，0.05）时，过程输入的最大值明显降低了，这就是丢失了过程输入有用数据的征兆。从模型响应和实际响应的吻合曲线图也可看出，当采样周期较大（0.1，0.05）时，模型响应曲线和实际响应的曲线有一段明显不吻合。

（2）激励信号施加点的选择案例

利用辨识数据采样周期选取案例试验中同样的闭环控制系统，但是辨识激励信号施加在控制器的输出端，依然是阶跃信号，阶跃幅值为 5，而设定值设为 0。

设采样周期为 0.01s，取数据长度为 6000，可得到在控制器输出端阶跃激励下的辨识数据，从而可绘制出如图 2-11 所示的过程输入响应曲线和如图 2-12 所示的过程输出响应曲线。根据所得数据进行 PSO 辨识计算可得模型

$$\hat{G}_p(s) = \frac{10.0015}{10.0032s + 1} e^{-1.0000s}$$

相应的模型准确度指标为相对最大误差百分数 $J_1 = 0.0207\%$，相对均方差百分数 $J_2 = 0.0027\%$。模型响应和实际响应的吻合曲线如图 2-13 所示。

将这个试验结果与设定值激励试验结果（采样周期为 0.01s，数据长度为

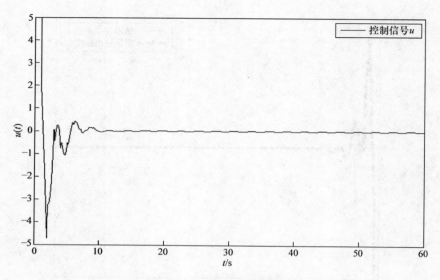

图 2-11 过程输入响应曲线

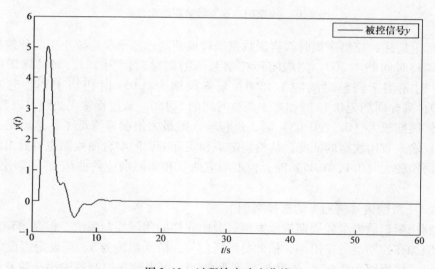

图 2-12 过程输出响应曲线

6000 时）相比较，两者几乎一样。因此，可以断定，设定值激励辨识和控制器输出端激励辨识一样有效，没有本质区别。

（3）辨识数据长度的选取案例——简单模型辨识

假设一个闭环控制系统，其被控过程为

$$G_p(s) \doteq \frac{895}{230s + 1}$$

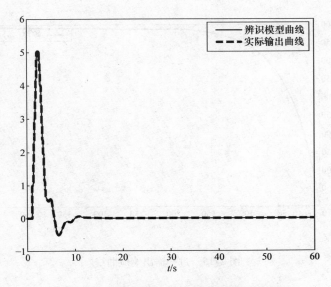

图 2-13   模型响应和实际响应的吻合曲线

其控制器为

$$G_c(s) = 0.005$$

设采样周期为 0.01s，取数据长度为 45000，可得到在设定值阶跃激励（阶跃幅值取 600）下的辨识数据，从而可绘制出如图 2-14 所示的过程输入响应曲线和如图 2-15 所示的过程输出响应曲线。根据所得数据进行 PSO 辨识计算可得模型

$$\hat{G}_p(s) = \frac{895}{230s + 1}$$

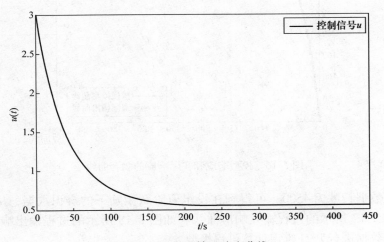

图 2-14   过程输入响应曲线

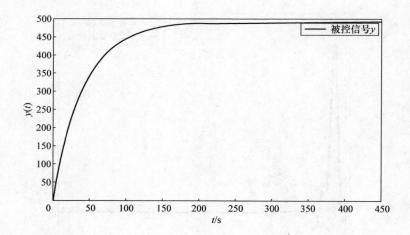

图 2-15　过程输出响应曲线

相应的模型准确度指标为相对最大误差百分数 $J_1 = 7.1819 \times 10^{-11}\%$，相对均方差百分数 $J_2 = 4.4830 \times 10^{-11}\%$。模型响应和实际响应的吻合曲线如图 2-16 所示。

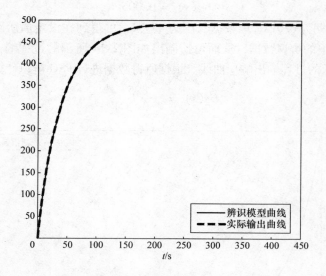

图 2-16　模型响应和实际响应的吻合曲线

若取数据长度为 4500，可得到在设定值阶跃激励下的辨识数据，从而可绘制出如图 2-17 所示的过程输入响应曲线和如图 2-18 所示的过程输出响应曲线。根据所得数据进行 PSO 辨识计算可得模型

22

$$\hat{G}_p(s) = \frac{895}{230s + 1}$$

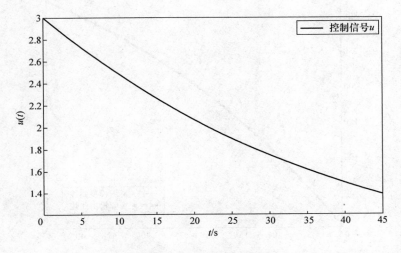

图 2-17　过程输入响应曲线

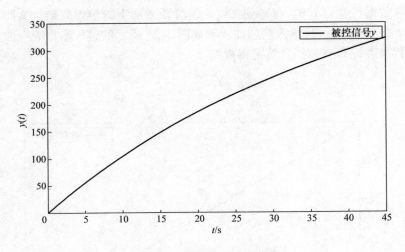

图 2-18　过程输出响应曲线

相应的模型准确度指标为相对最大误差百分数 $J_1 = 7.3003 \times 10^{-12}\%$，相对均方差百分数 $J_2 = 3.47499 \times 10^{-12}\%$。模型响应和实际响应的吻合曲线如图2-19所示。

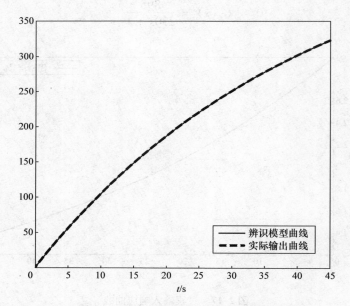

图 2-19   模型响应和实际响应的吻合曲线

若取数据长度为 450，可得到在设定值阶跃激励下的辨识数据，从而可绘制出如图 2-20 所示的过程输入响应曲线和如图 2-21 所示的过程输出响应曲线。根据所得数据进行 PSO 辨识计算可得模型

$$\hat{G}_p(s) = \frac{895}{230s + 1}$$

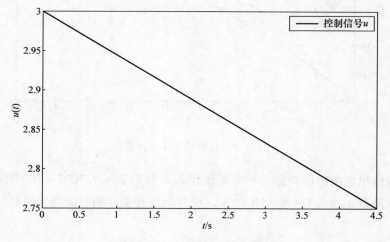

图 2-20   过程输入响应曲线

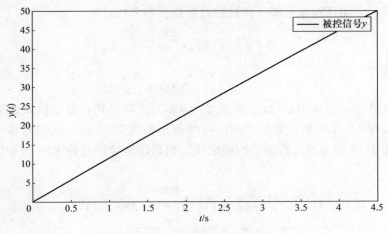

图 2-21   过程输出响应曲线

相应的模型准确度指标为相对最大误差百分数 $J_1 = 9.6359 \times 10^{-9}\%$，相对均方差百分数 $J_2 = 6.6894 \times 10^{-9}\%$。模型响应和实际响应的吻合曲线如图 2-22 所示。

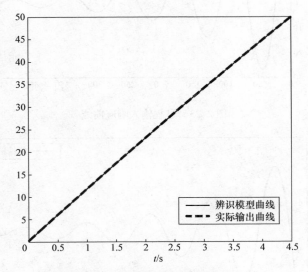

图 2-22   模型响应和实际响应的吻合曲线

上述结果表明，对于单容惯性过程辨识，选取的辨识数据长度可以非常短，也能准确进行模型辨识。从响应过程时间看，无论选取辨识响应过程的时间长度为 450s、45s、4.5s，模型都可准确辨识。

（4）辨识数据长度的选取案例——复杂模型辨识

假设一个闭环控制系统，其被控过程是三容惯性过程，为

$$G_p(s) = \frac{895}{(2s+1)(45s+1)(230s+1)}$$

其控制器为

$$G_c(s) = 0.0065$$

设采样周期为 0.01 s，取数据长度为 45000，可得到在设定值阶跃激励（阶跃幅值取 600）下的辨识数据，从而可绘制出如图 2-23 所示的过程输入响应曲线和如图 2-24 所示的过程输出响应曲线。根据所得数据进行 PSO 辨识计算可得模型

$$\hat{G}_p(s) = \frac{895}{(2s+1)(45s+1)(230s+1)}$$

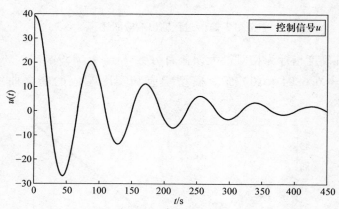

图 2-23　过程输入响应曲线

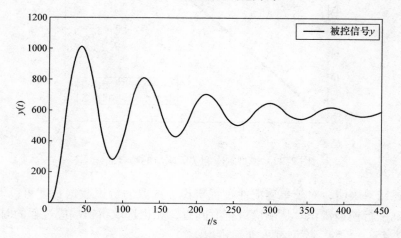

图 2-24　过程输出响应曲线

26

相应的模型准确度指标为相对最大误差百分数 $J_1 = 7.6689 \times 10^{-10}\%$，相对均方差百分数 $J_2 = 3.5852 \times 10^{-10}\%$。模型响应和实际响应的吻合曲线如图 2-25 所示。

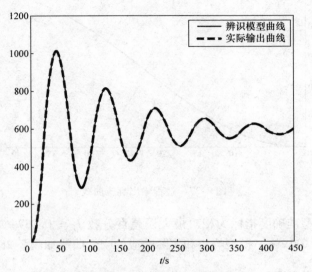

图 2-25 模型响应和实际响应的吻合曲线

设取数据长度为 4500，可得到在设定值阶跃激励下的辨识数据，从而可绘制出如图 2-26 所示的过程输入响应曲线和如图 2-27 所示的过程输出响应曲线。根据所得数据进行 PSO 辨识计算可得模型

$$\hat{G}_p(s) = \frac{567.8897}{(1.9408s+1)(66.3616s+1)(100.2267s+1)}$$

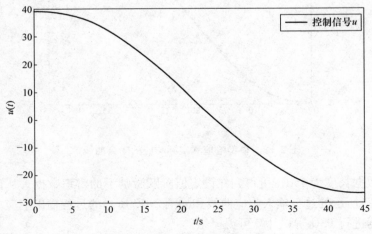

图 2-26 过程输入响应曲线

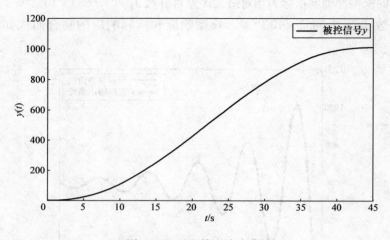

图 2-27　过程输出响应曲线

相应的模型准确度指标为相对最大误差百分数 $J_1 = 0.0375\%$，相对均方差百分数 $J_2 = 0.0119\%$。模型响应和实际响应的吻合曲线如图 2-28 所示。

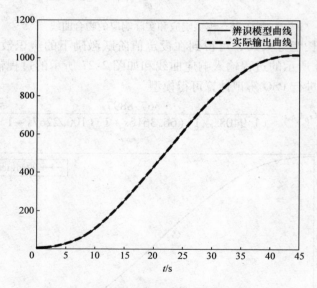

图 2-28　模型响应和实际响应的吻合曲线

设取数据长度为 450，可得到在设定值阶跃激励下的辨识数据，从而可绘制出如图 2-29 所示的过程输入响应曲线和如图 2-30 所示的过程输出响应曲线。根据所得数据进行 PSO 辨识计算可得模型

$$\hat{G}_p(s) = \frac{461.3032}{(2.0344s+1)(44.9822s+1)(116.3032s+1)}$$

相应的模型准确度指标为相对最大误差百分数 $J_1 = 0.0036\%$，相对均方差百分数 $J_2 = 0.0021\%$。模型响应和实际响应的吻合曲线如图 2-31 所示。

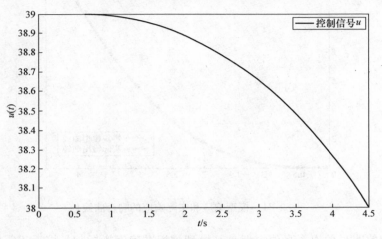

图 2-29　过程输入响应曲线

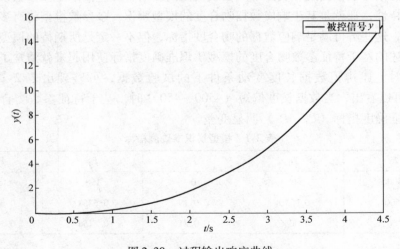

图 2-30　过程输出响应曲线

上述结果表明，对于三容惯性过程辨识，辨识数据长度就不能像单容惯性过程辨识时那么随意了。当辨识数据长度取 4500 或 450 时，辨识出的模型参数都明显偏离了真值。这说明，对于多模型参数的复杂模型辨识，需要较长的数据长度。

可以注意到一个有趣的现象：尽管当辨识数据长度取 4500 或 450 时辨识出

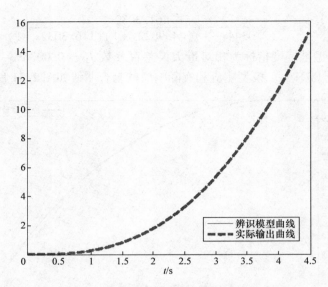

图 2-31　模型响应和实际响应的吻合曲线

的模型参数明显偏离了真值，但是其模型辨识准确度指标却是接近于零的值，而且相应的模型响应曲线和实际响应曲线也是高度吻合。这揭示了多参数模型辨识的一个特性，那就是基于响应数据吻合度的模型辨识，多参数模型将有多个优化解存在，这些解可满足响应数据的吻合度指标，但不一定是所期待的模型解。这时将前述的基于特征参数吻合度的模型辨识准确度指标使用起来就清楚了。

　　针对上述辨识数据长度变动条件下的试验数据，可整理出表 2-1。根据表 2-1 可以看出，当数据长度偏短（4500、450）时，基于特征参数吻合度的模型辨识准确度指标（P_1、P_2）明显变差。

表 2-1　模型辨识准确度指标

N	J_1	J_2	P_1	P_2
45000	0	0	1.0	1.0
4500	0.0375	0.0119	0.6354	0.6084
450	0.0036	0.0021	0.5154	0.5884

2.3　闭环可辨识性问题和闭环辨识条件

1. 传统闭环辨识可辨识理论及研究结论

　　闭环辨识套用开环辨识方法后出现了可辨识性问题，于是产生了关于闭环辨识可辨识性的理论研究，还有闭环辨识的新方法研究。按照参考文献 [7] 的说法，输出信号的干扰噪声通过反馈环节与输入信号相关，是导致采用频谱分析法辨识不正确和采用预报误差法辨识有参数估计偏差的原因。针对存在且不容忽视的闭环辨识的可辨识问题,已提出3种经典的解决方案:直接法、间接法和联合输入法。采用直接法时必须满足4项可辨识条件:1)存在足够的外部激励;2)控制器的阶数足够高;3)控制器在不同模式下切换;4)控制器时变非线性。而采用间接法和联合输入法有着测试变量增加,计算工作量增大的缺点。为此,更多的新的闭环辨识方法被提出。参考文献[13]已归纳出几种有代表意义的几类有效的闭环辨识方法:1)基于开环转换的闭环辨识方法(两阶段闭环辨识方法、Youla/Kucera参数化法、互质因子法);2)基于噪声协方差补偿的闭环辨识方法;3)基于输出误差递推校正的闭环辨识方法;4)基于高阶累计量的闭环辨识方法。

2. 基于智能优化算法和连续时间模型的闭环辨识新观点

通过查阅以往的相关研究文献可以注意到,上述的传统闭环辨识的有效方法虽已提出许多年了,但是除了直接法闭环辨识还可找到若干工程应用案例,其他方法都没有流行起来。就算是用直接法闭环辨识,许多案例都表明,在应用之前大多默认符合闭环可辨识条件并不严格核查,而且存在不符合闭环辨识条件仍能有效辨识的案例,这种情况值得关注和反思。在这里不妨提出新的质疑:闭环辨识可辨识问题确实普遍存在吗?闭环辨识条件是必须遵守的通用条件吗?

通过查阅有关闭环辨识可辨识性和闭环可辨识条件的有关文献,还可以发现有关闭环辨识可辨识性和闭环可辨识条件结论的提出,都是基于经典的辨识方法,如最小二乘法、频谱分析法,还有都是基于离散时间的被辨识模型。那么就可以这样认为:根据离散时间被辨识模型和最小二乘优化方法导出的闭环可辨识性和闭环可辨识条件的结论即使是正确的,但是对于连续时间模型用智能优化算法的辨识问题未必有效。事实上,后述的验证实验结果已经表明:对于连续时间模型用智能优化算法的辨识问题,不存在所谓的可辨识问题,也不必受所谓的闭环可辨识条件约束。

从前述的辨识六要素定义出发,可辨识性问题应源于这6个要素:过程、模型、激励、数据、准则和优化。对被辨识过程没有足够的试验前知识,就不能正确地设计辨识试验和匹配模型结构;若没有恰当的过程模型,模型响应数据很难和过程响应数据吻合;若没有能够反映过程特性的数据,使用再好的辨识方法也无用;若没有通用、有效的辨识准则和优化方法,就不可能产生辨识模型;若没有适当的激励信号,就不能产生有效的辨识数据。总之,这6个要素的任何一个出了问题,都可能导致模型不可辨识的结果。开环与闭环的辨识试验方案,从理论上分析,是有可能对数据和激励产生影响。但是这种影响还没有被证实一定是本质上的,或有决定性的,就像基于经典的辨识方法和基于离散时间的被辨识模型的闭环辨识研究中指出的闭环所造出的过程输入和过程噪声直接相关的极端情况发生的可能性也非常小一样。按照大概率事件，完全可以认为闭环可辨识问题可以当作不存在。

从另一个角度思考，不管是开环辨识还是采用直接辨识方案的闭环辨识，都是测取被辨识过程的输入输出数据。那么只要有充分的激励，就会有足够的响应，如果再采用正确的模型结构和有效的辨识方法，应该能辨出正确的模型。除非是将过程输入端和过程输出端直接相连，使输入数据与输出数据完全相同（这种情况在正常的闭环控制系统中是不可能发生的），否则，不同的输入激励一定有不同的输出响应，即便是输入变量与输出变量之间有相关性的函数关系，也不能否定辨识出被辨识过程的可能性。

开环辨识和闭环辨识的主要区别在于有无反馈回路。反馈回路的存在将使被辨识过程的输入变量和过程输出变量关联起来，也使得过程噪声和输入变量关联起来。这种关联对于基于离散模型和传统优化算法的过程辨识被认为可能是致命的，也就是造成被辨识过程的不可辨识。试考虑反馈回路的增益大小的影响。反馈增益越大，则反馈强度越高，那么过程输入变量和过程输出变量关联程度也将越高，于是造成被辨识过程的不可辨识的影响程度也应越大，可推知模型辨识误差将越大。因此针对基于连续模型和现代智能优化算法的过程辨识，可通过增大反馈增益的试验来验证是否有被辨识过程的不可辨识性的问题存在。

3. 基于智能优化算法和连续时间模型的闭环辨识新观点的验证试验

针对以上闭环可辨识问题的争论，不妨用以下的试验方法论证。假定采用智能优化辨识方法，模型采用连续时间的传递函数模型，数据取自闭环系统的过程输入和输出，激励信号是加在设定值端的阶跃信号。

（1）阶跃激励开环辨识试验案例

假设被辨识过程是有零点的三容惯性过程，为

$$G_p(s) = \frac{895(90s+1)}{(2s+1)(45s+1)(230s+1)}$$

设采样周期为 0.01s，取数据长度为 45000，可得到在阶跃激励（阶跃幅值取 600）下的开环辨识数据，从而可绘制出如图 2-32 所示的过程输入响应曲线和如图 2-33 所示的过程输出响应曲线。根据所得数据进行 PSO 辨识计算可得模型

$$\hat{G}_p(s) = \frac{894.7232(89.7729s+1)}{(1.9948s+1)(44.9279s+1)(229.6753s+1)}$$

相应的模型准确度指标为相对最大误差百分数 $J_1 = 0.9228\%$，相对均方差百分数 $J_2 = 0.2071\%$。模型响应和实际响应的吻合曲线如图 2-34 所示。

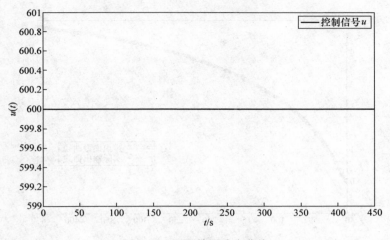

图 2-32　过程输入响应曲线

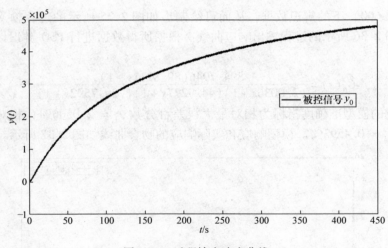

图 2-33　过程输出响应曲线

（2）用直接辨识方案的设定值阶跃激励闭环辨识（控制器比过程模型阶数低）时的案例

假设一个闭环控制系统，其被控过程是有零点的 3 容惯性过程，为

$$G_p(s) = \frac{895(90s+1)}{(2s+1)(45s+1)(230s+1)}$$

其控制器为

$$G_c(s) = 0.065$$

设采样周期为 0.01s，取数据长度为 45000，可得到在设定值阶跃激励（阶

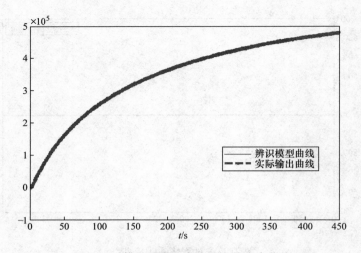

图 2-34　模型响应和实际响应的吻合曲线

跃幅值取 600）下的辨识数据，从而可绘制出如图 2-35 所示的过程输入响应曲线和如图 2-36 所示的过程输出响应曲线。根据所得数据进行 PSO 辨识计算可得模型

$$\hat{G}_p(s) = \frac{894.7946(89.8211s + 1)}{(2.0036s + 1)(44.9277s + 1)(229.7592s + 1)}$$

相应的模型准确度指标为相对最大误差百分数 $J_1 = 2.0506\%$，相对均方差百分数 $J_2 = 0.4593\%$。模型响应和实际响应的吻合曲线如图 2-37 所示。

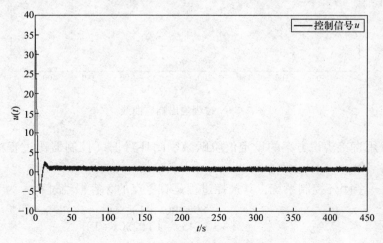

图 2-35　过程输入响应曲线

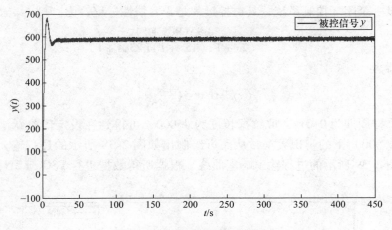

图 2-36　过程输出响应曲线

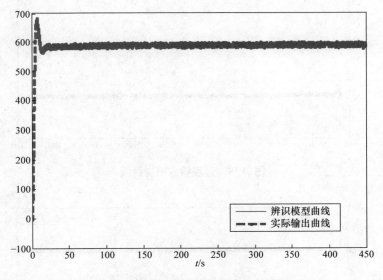

图 2-37　模型响应和实际响应的吻合曲线

　　将这个闭环辨识的结果和前面开环辨识的结果相比较可以看出：两者没有本质上的差别。这说明基于智能优化算法和连续时间模型的闭环辨识没有可辨识性问题。此外，可以注意本案例中，控制器的阶数为 0，而被控过程的阶数为 3，控制器的阶数比过程模型的阶数低 3 阶。若按传统的闭环辨识理论，控制器的阶数比过程模型的阶数低时肯定不符合闭环可辨识条件，是存在可辨识问题的。但这个案例的结果不支持传统闭环辨识理论的这个论断。

　　（3）设定值阶跃激励闭环辨识（控制器有开环传递函数的公因子）的案例

假设一个闭环控制系统，其被控过程是 3 容惯性过程，为

$$G_p(s) = \frac{895(90s+1)}{(2s+1)(45s+1)(230s+1)}$$

其控制器为

$$G_c(s) = 0.065\left(\frac{45s+1}{45s}\right)$$

设采样周期为 0.01s，取数据长度为 45000，可得到在设定值阶跃激励（阶跃幅值取 600）下的辨识数据，从而可绘制出如图 2-38 所示的过程输入响应曲线和如图 2-39 所示的过程输出响应曲线。根据所得数据进行 PSO 辨识计算可得模型

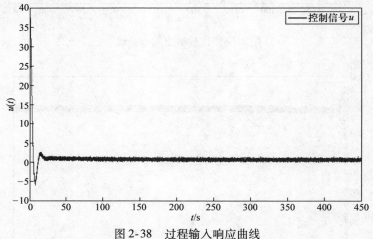

图 2-38　过程输入响应曲线

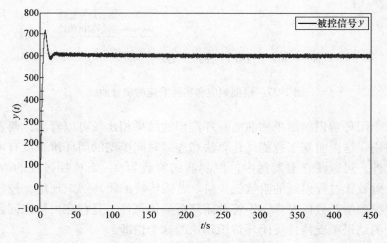

图 2-39　过程输出响应曲线

$$\hat{G}_p(s) = \frac{894.8032(89.8296s+1)}{(2.0034s+1)(44.9312s+1)(229.7699s+1)}$$

相应的模型准确度指标为相对最大误差百分数 $J_1 = 1.9501\%$，相对均方差百分数 $J_2 = 0.4368\%$。模型响应和实际响应的吻合曲线如图 2-40 所示。

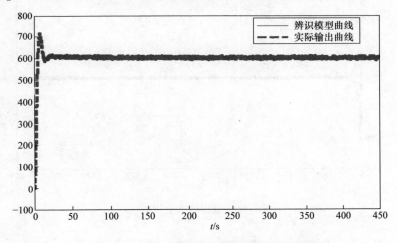

图 2-40　模型响应和实际响应的吻合曲线

在此案例中，控制器含有被控过程传递函数的公因子。若按传统的闭环辨识理论，控制器含有被控过程的公因子时肯定不符合闭环可辨识条件，是存在可辨识问题的，但是结果却不支持传统闭环辨识理论的这个论断。至少可以肯定，对于基于智能优化算法和连续时间模型的闭环辨识，不必考虑控制器含有被控过程的公因子这条所谓的闭环可辨识条件。

（4）设定值阶跃激励闭环辨识（控制器大增益）的案例

假设一个闭环控制系统，其被控过程是有零点的 3 容惯性过程，为

$$G_p(s) = \frac{895(90s+1)}{(2s+1)(45s+1)(230s+1)}$$

其控制器为

$$G_c(s) = 0.65$$

设采样周期为 0.01s，取数据长度为 45000，可得到在设定值阶跃激励（阶跃幅值取 600）下的辨识数据，从而可绘制出如图 2-41 所示的过程输入响应曲线和如图 2-42 所示的过程输出响应曲线。根据所得数据进行 PSO 辨识计算可得模型

$$\hat{G}_p(s) = \frac{894.8498(89.8942s+1)}{(2.0013s+1)(44.9607s+1)(229.8452s+1)}$$

相应的模型准确度指标为相对最大误差百分数 $J_1 = 1.4705\%$，相对均方差

百分数 $J_2 = 0.3293\%$。模型响应和实际响应的吻合曲线如图 2-43 所示。

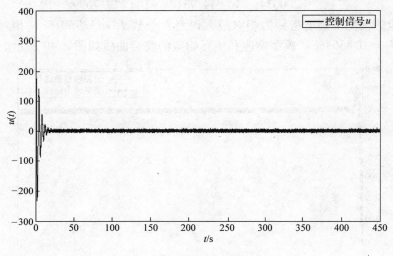

图 2-41　过程输入响应曲线

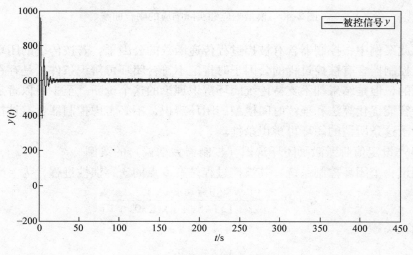

图 2-42　过程输出响应曲线

这个案例与前面的用直接辨识方案的设定值阶跃激励闭环辨识几乎相同，除了控制器增益增大 10 倍以外。可以注意到由于控制器增益增大，控制系统响应出现大幅度振荡，但是模型辨识结果几乎没有变化。这表明闭环辨识时，反馈强度的变化是可以影响过程输入和过程输出变量的关联程度，但是不影响模型辨识的可辨识性。这个案例对反馈是造成闭环可辨识性问题的论断提供了否定性的论据。

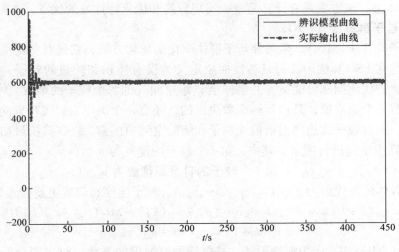

图 2-43　模型响应和实际响应的吻合曲线

2.4　辨识优化计算与模型动态特性仿真

虽然，目前在过程辨识中最小二乘算法还是用得最普遍的主流算法，但是现代智能优化算法取而代之的发展趋势已经出现。

1. 现代智能优化辨识方法的特点

现代智能优化法相比最小二乘法，至少有下列优点：

1）适用面宽。当遇到用来辨识的数据有些线性相关或者是病态的情况时，用最小二乘法就可能因为逆阵不存在而不能继续辨识计算。用现代智能优化法就不存在这个问题。用现代智能优化法可以解决用最小二乘法不能辨识的问题。另一方面当辨识连续时间模型描述的系统时，用最小二乘法需要先推导出估计矩阵的表达格式。（因为没有通用格式，所以不同结构的连续模型需要有对应的估计矩阵表达格式）。因此，较复杂结构连续模型对应的估计矩阵表达格式也较难推导出来。表达格式推导不出的也就不能用最小二乘法辨识，而用现代智能优化法则没有这种问题。对于通用的连续模型，直接用现代智能优化法就可辨识。

2）优化精度高。因为最小二乘法是一次性算法，所以用最小二乘法辨识，其辨识精度基本上是固定不变的。而用现代智能优化算法辨识，由于是迭代优化算法，其辨识精度可随迭代数逐步提高。若利用智能搜索或循环优化等改进算法，还可以进一步提高辨识精度。

用于辨识的现代智能优化法，最早是随机搜索法（Luus - Jaakola，LJ），接着是改进的随机搜索法（New Luus - Jaakola，NLJ），后来还有遗传算法、粒子群算法（PSO）、差分进化算法（Differential Evolution，DE）等。目前用得较多的是 PSO 法，该方法具有计算简单、实现容易和优化特性好的优点。

2. 粒子群算法（PSO）

粒子群算法（PSO）是一种基于群体演化的优化方法，它是对鸟类觅食过程的模拟。在 PSO 算法中，每只鸟被抽象定义为没有体积和质量的粒子，相当于需要求解的优化问题可能解，并延伸至 D 维空间（即每个粒子的维数）。所有的粒子都有一个适应值，是由目标函数决定的，还有一个决定它们飞行方向的距离和速度，所有粒子就追随当前最优粒子在解的空间中搜索。PSO 算法最初由 n 个粒子对 D 维空间进行搜索。其中，第 i 个粒子的速度为 $v_i = (v_{i1}, v_{i2}, \cdots, v_{id})$，位置为 $x_i = (x_{i1}, x_{i2}, \cdots, x_{id})$；第 i 个粒子的自身最优解为 $p_i = (p_{i1}, p_{i2}, \cdots, p_{id})$；整个粒子群体的最优解为 $p_g = (p_{g1}, p_{g2}, \cdots, p_{gd})$。粒子速度和位置更新公式为

$$v_{id}(k+1) = \omega \cdot v_{id}(k) + c_1 r_1 (p_{id} - x_{id}(k)) + c_2 r_2 (p_{gd} - x_{id}(k)) \qquad (2\text{-}9)$$

$$x_{id}(k+1) = x_{id}(k) + v_{id}(k) \qquad (2\text{-}10)$$

式（2-9）中，ω 为惯性因子，是保持原有速度的系数，较大则全局寻优能力较强，局部寻优能力较弱；较小则相反。r_1、r_2 为 $[0, 1]$ 之间的随机数。c_1、c_2 为学习因子，通常均设为 2；k 为当前迭代次数。

粒子群算法的辨识步骤如下：

1）初始化粒子群体随机产生位置和速度，设定初始种群和粒子当前最优位置。

2）采用公式更新速度和位置。

3）求每个粒子的个体极值位置。

4）求粒子群体的极值位置。

5）若未达到设定迭代次数，则返回步骤 2；若粒子达到设定迭代次数，结束。

粒子群算法（PSO）的参数包括惯性因子 ω、学习因子 c_1 和 c_2、粒子数 n、粒子的维数 D、优化代数 G。一般而言，优化代数 G 的选择在于辨识精度的要求高低。辨识精度要求高时，选取较大的优化代数，如成百或上千；辨识精度要求低时，选取较小的优化代数，则几十或上百。于是平时需要根据辨识效果调整的参数只有 3 个：惯性因子 ω、学习因子 c_1 和 c_2、粒子数 n。

3. 应用现代智能优化算法辨识时的动态特性仿真

用现代智能优化算法进行辨识与用最小二乘法辨识不同，必须要解决过程模型的动态特性仿真问题。用最小二乘法辨识经常是一次性矩阵计算就可完成，而用现代智能优化算法则需要多次迭代计算，每次计算都需要过程模型的动态特性仿真。所以过程模型的动态特性仿真的精度和速度直接影响到模型辨识的质量。甚至对于有些具有复杂结构的过程模型，要完成其动态特性仿真的任务可能非常困难。例如对于非线性系统或是高阶的或是时变的系统。即便是限于线性系统，

若考虑任意激励信号或是考虑非零初态条件，其动态特性仿真也可能并非易事。

2.5 激励信号

模型辨识自然离不了激励信号。模型辨识所需要的激励信号选用关键在于 3 点：信号的强度足够大、信号的能量足够大和信号的频谱适合于被辨识过程。此外，还应考虑激励信号产生和施加的便利性，以及在线激励时的生产安全性。无论是对于开环辨识还是闭环辨识，模型辨识激励信号的选用要求应该是相同的。

对于闭环辨识，激励信号的施加点一般在设定值端或在控制器输出端。

辨识所用的激励信号可以有多种。例如阶跃、方波、梯形波、正弦波、白噪声和伪随机信号等。无论选用哪一种，只要使用得当，都可达到模型准确辨识的目的。

当激励信号是持续激励类型时，模型辨识的激励信号强度是否足够大，可以从模型输入端或者模型输出端的信噪比数值看出。就像衡量一个优质音箱的性能，从它的信噪比是否大于 80dB 就可看出。显然，从模型输入端或者模型输出端的信噪比数值越大，则信号强度越大，就越能保证模型辨识的准确度不会因激励信号强度问题而降低。

模型辨识的激励信号能量是否足够大，取决于激励信号强度和激励信号施加的保持时间。激励信号强度越大和保持时间越长，则激励信号施加的能量越大。激励信号施加开始至施加结束的时间是激励信号施加的保持时间。一般而言，当激励信号是持续激励类型时，激励响应数据的记录时间和激励信号施加开始至施加结束的时间保持同步。当激励信号是单次激励类型时，例如激励信号是单次方波、单次梯形波或单次正弦波时，激励响应数据的记录时间将大于激励信号施加的保持时间。当模型辨识的激励信号能量不够大时，意味着用于模型辨识的激励响应信息的能量不够大，将不能保障过程模型的准确辨识。在实际的过程辨识时，现场噪声始终存在，噪声的激励能量不可忽视。如果用于辨识的激励信号能量不能明显大于噪声的激励能量，那么可以想见，所获得的响应信息中，有用的响应信息能量将淹没在无用的响应信息能量中，自然无法保障过程模型的准确辨识。

模型辨识信号的信号频谱是否适合被辨识过程，需要根据被辨识过程的频谱加以分析。当没有或缺少被辨识过程的频谱信息时，模型辨识信号的信号频谱是否适合被辨识过程的分析工作难以开展。而当选用宽频谱的激励信号时，也没有必要展开辨识信号的信号频谱是否适合被辨识过程的分析工作。例如，若已施加了理想的阶跃信号时，由于理想的阶跃信号是宽频谱的，可认为激励信号频谱适合被辨识过程。但是当选用窄频谱的激励信号并已有被辨识过程的频谱信息时，就有必要展开辨识信号频谱是否适合被辨识过程的分析工作。显然激励信号的工作频率偏离被辨识过程的主频率太低或太高时，都将可能得到不属于被辨识过程特性的响应数据，以至于所辨识出的模型失去代表性。如果不存在噪声而且辨识信号强度足够大，那么无论宽频带激励信号还是窄频带激励信号用于模型辨识没有本质差别。但是考虑到具有一定强度和某段频谱的噪声存在，那么窄频谱信号激励出的过程响应强度就有可能低于过程噪声的强度，以至于所得到的过程响应数据的主要成分是过程噪声，从而使所辨识出的过程模型失去意义。

下面给出的仿真实验案例说明了信号强度和能量足够大及信号频谱适合被辨识过程的重要性。

1. 信噪比对模型辨识的影响试验案例

假设一个闭环控制系统，其被控过程是一个 3 容惯性过程，为

$$G_p(s) = \frac{895(90s+1)}{(2s+1)(45s+1)(230s+1)}$$

其控制器为

$$G_c(s) = 0.065$$

在进行设定值阶跃激励试验时，在过程输出端加入白噪声，其白噪声的功率逐渐增强。当取白噪声的功率为 0.1 时，可得到在设定值阶跃激励（阶跃幅值取 600）下的辨识数据（设采样周期为 0.01s，取数据长度为 45000），从而可绘制出如图 2-44 所示的过程输入响应曲线和如图 2-45 所示的过程输出响应曲线。根据所得数据进行 PSO 辨识计算可得模型

$$\hat{G}_p(s) = \frac{894.9651}{(1.9988s+1)(44.9921s+1)(229.9946s+1)}$$

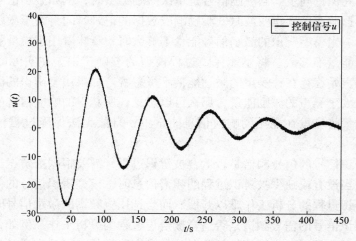

图 2-44 过程输入响应曲线

相应的模型准确度指标为相对最大误差百分数 $J_1 = 1.3776\%$，相对均方差百分数 $J_2 = 0.3078\%$。模型响应和实际响应的吻合曲线如图 2-46 所示。

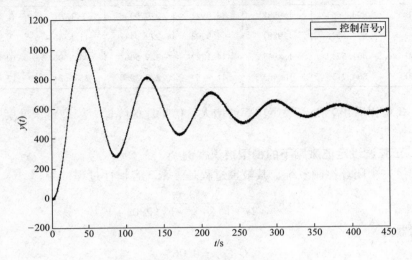

图 2-45　过程输出响应曲线

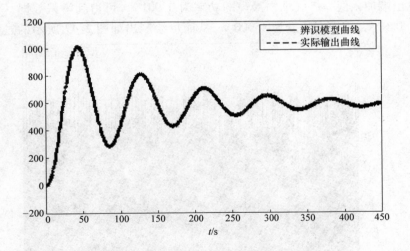

图 2-46　模型响应和实际响应的吻合曲线

当取白噪声的功率分别为 10、1000、100000 时，可得到相应的过程模型和准确度指标。可将这些辨识结果数据整理见表 2-2。

表 2-2 信噪比对模型辨识的影响试验结果

噪声功率	K	T_1	T_2	T_3	J_1	J_2
0.1	894.9651	1.9988	44.9921	229.9946	1.3776	0.3078
10	894.6515	1.9881	44.9203	229.9472	11.6346	2.5995
1000	891.5777	1.8987	44.1323	229.5661	44.9696	10.0452
100000	884.2119	1.8453	41.9187	228.8960	55.6631	12.4263

从表 2-2 可以看出，随着噪声功率的增大，信噪比的降低，模型辨识准度明显降低了。

2. 正弦波设定值激励下的模型辨识案例

假设一个闭环控制系统，其被控过程是一个 3 容惯性过程，为

$$G_p(s) = \frac{895}{(2s+1)(45s+1)(230s+1)}$$

其控制器为

$$G_c(s) = 0.065$$

进行设定值正弦波激励试验（取角频率为 0.0006rad/s 幅值为 10），同时在过程输出端加入白噪声（取白噪声的功率为 0.001），可得到辨识数据（设采样周期为 0.01s，取数据长度为 45000），从而可绘制出如图 2-47 所示的过程输入

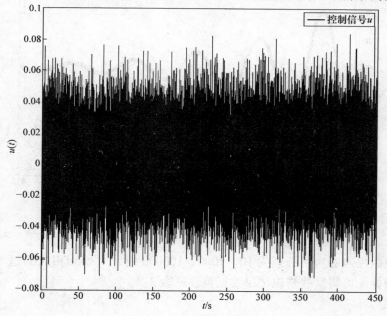

图 2-47 过程输入响应曲线

响应曲线和如图 2-48 所示的过程输出响应曲线。根据所得数据进行 PSO 辨识计算可得模型

$$\hat{G}_p(s) = \frac{881.5161}{(1.0000s+1)(48.3532s+1)(220.7672s+1)}$$

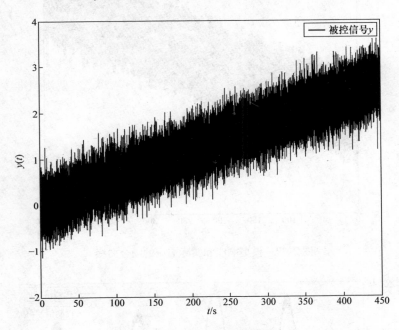

图 2-48　过程输出响应曲线

相应的模型准确度指标为相对最大误差百分数 $J_1 = 30.0003\%$，相对均方差百分数 $J_2 = 6.7285\%$。模型响应和实际响应的吻合曲线如图 2-49 所示。

若取角频率为 0.06rad/s，其他试验参数不变进行设定值正弦波激励试验，可得到辨识数据，从而可绘制出如图 2-50 所示的过程输入响应曲线和如图 2-51 所示的过程输出响应曲线。根据所得数据进行 PSO 辨识计算可得模型

$$\hat{G}_p(s) = \frac{869.7258}{(1.7483s+1)(48.1464s+1)(210.8505s+1)}$$

相应的模型准确度指标为相对最大误差百分数 $J_1 = 2.3675\%$，相对均方差百分数 $J_2 = 0.5388\%$。模型响应和实际响应的吻合曲线如图 2-52 所示。

若取角频率为 6rad/s，其他试验参数不变进行设定值正弦波激励试验，可得到辨识数据，从而可绘制出如图 2-53 所示的过程输入响应曲线和如图 2-54 所示的过程输出响应曲线。根据所得数据进行 PSO 辨识计算可得模型

$$\hat{G}_p(s) = \frac{909.3176}{(1.7572s+1)(101.7469s+1)(101.7469s+1)}$$

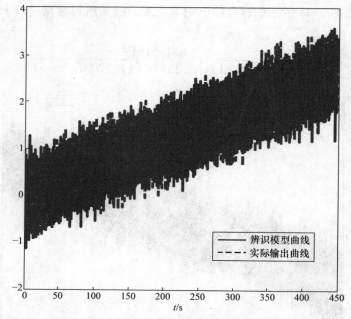

图 2-49　模型响应和实际响应的吻合曲线

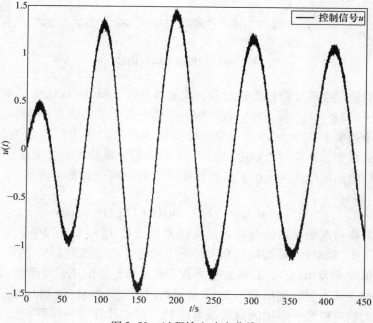

图 2-50　过程输入响应曲线

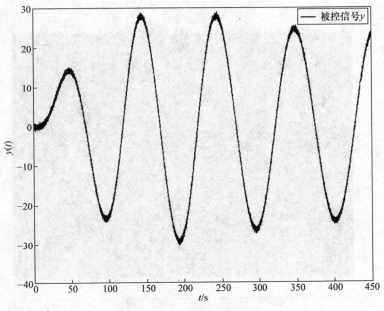

图 2-51　过程输出响应曲线

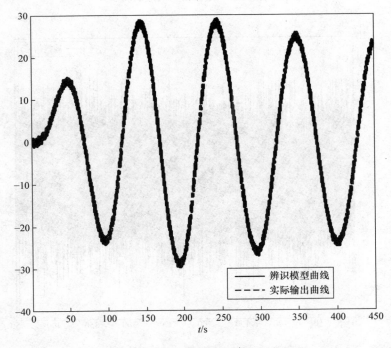

图 2-52　模型响应和实际响应的吻合曲线

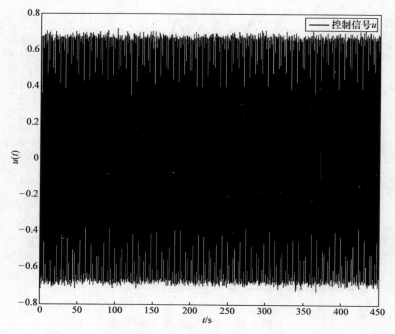

图 2-53　过程输入响应曲线

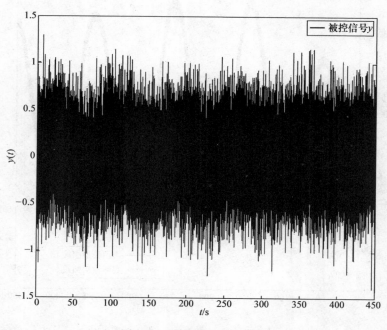

图 2-54　过程输出响应曲线

相应的模型准确度指标为相对最大误差百分数 $J_1 = 52.3176\%$，相对均方差百分数 $J_2 = 11.7853\%$。模型响应和实际响应的吻合曲线如图 2-55 所示。

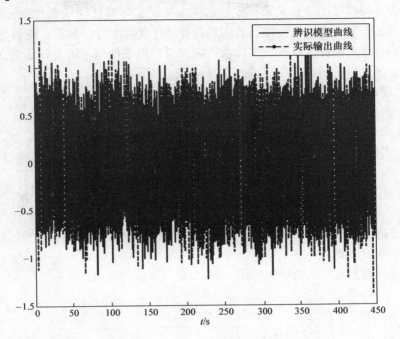

图 2-55　模型响应和实际响应的吻合曲线

上述 3 个试验分别对应于激励信号正弦波角频率为 0.0006rad/s、0.06rad/s 和 6rad/s。由该闭环系统的工作主频可测得为 0.06rad/s。可知 0.0006rad/s 是闭环系统的工作主频的 1/100，而 6rad/s 是闭环系统的工作主频的 100 倍。可以注意当激励信号正弦波频率偏低或偏高时，过程输出响应的幅度都明显变小了，而模型辨识准确度指标都明显变大了。显然，辨识结果验证了这样的观点：在过程噪声存在的条件下，激励信号的频率偏离被辨识过程的主频率太低或太高时，都将可能得不到被辨识过程的正确模型。

有趣的是在没有噪声的条件下进行激励信号正弦波频率变动试验得到结果为当激励信号正弦波频率分别为 0.0006rad/s、0.06rad/s 和 6rad/s 时，都能得到准确辨识出模型。这意味着在实际噪声比较小的情况下，激励信号强度的大小远比激励信号的频率高低重要。

2.6　直接辨识方案

采用直接法进行某个闭环过程的辨识之前，按照辨识理论教科书和有些文献的观点，应该先考察该闭环过程辨识如前所述的可辨识条件。诸如，控制器的阶数是否比过程模型的阶数高？控制器是否造成与闭环系统零极点相抵消等。但是，由于过程模型的阶数未知，零极点也未知，实际验证这些条件也无法办到。何况在第2.3节的论述已表明，若用现代智能优化算法进行辨识，所谓的可辨识问题并不存在，因此实际辨识工作执行前，可辨识条件是不用去验证的。

用直接法进行闭环过程辨识的步骤可简述如下：

1）设计并执行闭环过程辨识试验。

2）在试验中采集过程的输入输出数据。

3）选定过程模型结构和待辨识参数。

4）用选定的优化计算方法根据采集的过程输入输出数据求解过程模型参数。

5）计算辨识所得过程模型的准确度指标并分析辨识所得过程模型的有效性。

后述第3章中，第3.1～第3.6节陈述的常用过程模型辨识的仿真试验均是采用直接辨识方案。

直接辨识方案的系统结构如图2-56所示。

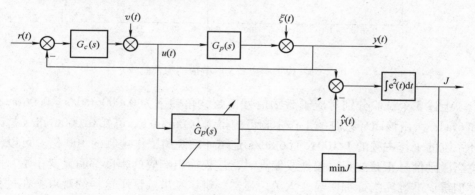

图 2-56　直接辨识方案的系统结构

2.7　间接辨识方案

采用间接法进行闭环过程辨识，当然不需要考察闭环过程辨识的可辨识条件。采用间接法进行闭环过程辨识，所采集的数据不是过程的输入输出数据，而是闭环系统的输入输出数据。理论上是先辨识计算闭环系统模型，再推算过程模型。实际执行时有两种做法：1）先辨识计算闭环系统模型，再推算过程模型；2）直接代入已知的控制器模型参数，以过程模型参数为优化参数，直接辨识计算过程模型。

1. 先辨识计算闭环系统模型再推算过程模型的间接法辨识

先辨识闭环模型再推算过程模型的间接法辨识方案的系统结构如图 2-57 所示。

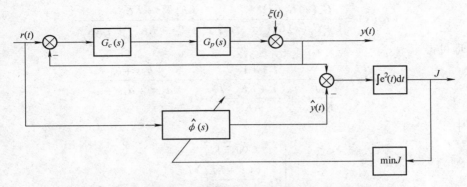

图 2-57　先辨识闭环模型再推算过程模型的间接辨识方案系统结构

辨识步骤可简述如下：

1）设计并执行闭环过程辨识试验。

2）试验中采集闭环系统的输入输出数据。

3）选定闭环系统的模型结构和待辨识参数。

4）用选定的优化计算方法，根据采集过程的输入输出数据求解闭环系统模型参数。

5）根据已辨识出的闭环系统模型和已知的控制器模型，推算过程模型。

6）计算辨识所得过程模型的准确度指标并分析辨识所得过程模型的有效性。

先辨识计算闭环系统模型，再推算过程模型的间接法辨识执行时存在着推算困难、推算误差大和推算模型升阶的问题。下面举例说明这个问题。

用间接法进行闭环过程辨识，具体的步骤是先辨识闭环系统的模型 $\Phi(s)$ 再推算过程模型 $G_p(s)$。根据图 1-2，可推知

$$G_p(s) = \frac{\Phi(s)}{(1 - \Phi(s))G_c(s)} \tag{2-11}$$

若 $\Phi(s)$ 和 $G_c(s)$ 已知，由上式即可推算出 $G_p(s)$。

假定已知

$$G_p(s) = \frac{K}{Ts + 1}$$

$$G_c(s) = K_p\left(1 + \frac{1}{T_i s}\right) = \frac{K_p(T_i s + 1)}{T_i s}$$

于是

$$G_c(s)G_p(s) = \frac{KK_p(T_is+1)}{T_is(Ts+1)} = \frac{KK_pT_is + KK_p}{T_iTs^2 + T_is}$$

则有

$$\Phi(s) = \frac{G_c(s)G_p(s)}{1 + G_c(s)G_p(s)} = \frac{KK_pT_is + KK_p}{T_iTs^2 + T_is + KK_pT_is + KK_p}$$

整理可得

$$\Phi(s) = \frac{T_is+1}{\dfrac{T_iT}{KK_p}s^2 + \dfrac{(1+KK_p)T_i}{KK_p}s + 1} = \frac{b_1s + b_0}{a_2s^2 + a_1s + a_0}$$

式中

$$\begin{cases} a_0 = 1 \\ a_1 = \dfrac{(1+KK_p)T_i}{KK_p} \\ a_2 = \dfrac{T_iT}{KK_p} \\ b_0 = 1 \\ b_1 = T_i \end{cases}$$

这个结果是由 $G_c(s)$ 和 $G_p(s)$ 推算 $\Phi(s)$ 得来的。若是由 $G_c(s)$ 和 $\Phi(s)$ 推算 $G_p(s)$，则有

$$G_p(s) = \frac{\Phi(s)}{(1 - \Phi(s))G_c(s)} = \frac{T_is(b_1s + b_0)}{K_p(a_2s^2 + a_1s + a_0 - (b_1s + b_0))(T_is + 1)}$$

整理可得

$$G_p(s) = \frac{T_is(b_1s + b_0)}{K_p(a_2s^2 + (a_1 - b_1)s + (a_0 - b_0))(T_is + 1)}$$

由于

$$a_0 - b_0 = 1 - 1 = 0$$

$$a_1 - b_1 = \frac{(1+KK_p)T_i}{KK_p} - T_i = \frac{T_i}{KK_p}$$

所以

$$G_p(s) = \frac{T_is(T_is + 1)}{K_p\left(\dfrac{T_iT}{KK_p}s^2 + \dfrac{T_i}{KK_p}s + 0\right)(T_is + 1)} = \frac{T_is(T_is + 1)}{T_is\left(\dfrac{T}{K}s + \dfrac{1}{K}\right)(T_is + 1)} = \frac{K}{Ts + 1}$$

不难发现，在推算过程中 $G_p(s)$ 先是升至 3 阶，后又有 2 次的零极点对消，最后降至 1 阶。但是，在实际的辨识过程中，准确的 $\Phi(s)$ 是不知道的，得到的只是估计模型 $\hat{\Phi}(s)$。假设

$$\hat{\Phi}(s) = \frac{\hat{b}_1 s + \hat{b}_0}{\hat{a}_2 s^2 + \hat{a}_1 s + \hat{a}_0}$$

那么 $\hat{G}_p(s)$ 的推算式为

$$\hat{G}_p(s) = \frac{T_i s(\hat{b}_1 s + \hat{b}_0)}{K_p(\hat{a}_2 s^2 + (\hat{a}_1 - \hat{b}_1)s + (\hat{a}_0 - \hat{b}_0))(T_i s + 1)}$$

考虑到准确模型 $\Phi(s)$ 和估计模型 $\hat{\Phi}(s)$ 之间的误差总是存在，可断定常有

$$\begin{cases} \hat{a}_0 \neq 1 \\[2mm] \hat{a}_1 \neq \dfrac{(1 + KK_p)T_i}{KK_p} \\[4mm] \hat{a}_2 \neq \dfrac{T_i T}{KK_p} \\[4mm] \hat{b}_0 \neq 1 \\[2mm] \hat{b}_1 \neq T_i \end{cases}$$

自然有

$$\hat{a}_0 - \hat{b}_0 \neq 0$$

$$\hat{a}_1 - \hat{b}_1 \neq \frac{T_i}{KK_p}$$

于是就不能保证用准确模型推算时出现的零极点对消情况发生，也就是所推出的模型 $G_p(s)$ 一般将被升阶，增加的阶数数值等于控制器阶数的两倍。

假设不进行任何的零极点对消操作，那么模型 $G_p(s)$ 的阶数可由下式计算得出

$$\text{rank}[\hat{G}_p(s)] = \text{rank}[\hat{\Phi}(s)] + \text{rank}[G_c(s)] = \text{rank}[\hat{G}_p(s)] + 2 * \text{rank}[G_c(s)]$$

$$(2\text{-}12)$$

这个结果是控制工程师最不愿意看到的。试想，本来想用 2 阶的过程模型进行控制器参数整定，结果得到 4 阶或更高阶的过程模型，可能直接导致控制器参数整定工作无法继续。若是考虑将升阶后的模型先降阶再使用，则不但增加了工作量，还多了一个误差源。

可以看出，上述的推算模型升阶问题将直接导致推算困难和推算误差大的结果，因为低阶模型的辨识变成了高阶模型的计算，计算参数成倍增加。此外，升阶本身就是模型结构误差的表现，多出来的零极点必将带来错误的动态特性，增加了模型特性的不确定性。

若是采用直接辨识计算过程模型的直接法辨识，则可避免推算模型升阶问题的发生。

2. 直接辨识计算过程模型的间接法辨识

直接辨识计算过程模型的间接法辨识方案的系统结构如图 2-58 所示。

辨识步骤可简述如下：

1）设计并执行闭环过程辨识试验。

2）试验中采集闭环系统的输入输出数据。

3）选定过程模型结构和待辨识参数。

4）用选定的优化计算方法，根据采集过程的输入输出数据求解过程模型参数。

5）计算辨识所得过程模型的准确度指标并分析辨识所得过程模型的有效性。

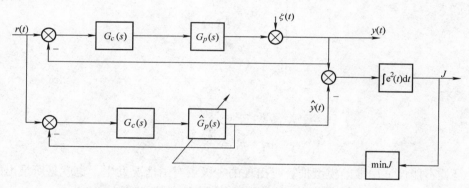

图 2-58　直接辨识计算过程模型的间接法辨识方案的系统结构

直接辨识计算过程模型的间接法辨识将避免先辨识计算闭环系统模型再推算过程模型的间接法辨识执行时存在着推算困难、推算误差大和推算模型升阶的问题。

还是用上面同样的闭环系统例子说明，这时要辨识的闭环传递函数为

$$\hat{\Phi}(s) = \frac{G_c(s)\hat{G}_p(s)}{1 + G_c(s)\hat{G}_p(s)} = \frac{\hat{K}K_p T_i s + \hat{K}K_p}{T_i \hat{T} s^2 + T_i s + \hat{K}K_p T_i s + \hat{K}K_p}$$

辨识计算时只优化过程模型参数 $\hat{K}$ 和 $\hat{T}$。这样使问题大为简化，既避免了复杂计算的难度，又提高了辨识准确度。当过程模型参数 $\hat{K}$ 和 $\hat{T}$ 得到后，就获得了 $\hat{G}_p(s)$，而闭环传递函数 $\hat{\Phi}(s)$ 的计算就变得没有必要了。

3. 基于闭环衰减特征参数的间接法辨识工程的计算方法

考虑将上述两种闭环过程间接法辨识用于工程实际中，显然先辨识计算闭环系统模型再推算过程模型的间接法辨识方案不可取，因为模型升阶的问题导致的推算困难不能接受。采用直接辨识计算过程模型的间接法辨识的方案基本上是可行的，就是在优化计算上稍微复杂了一些。在工程应用领域，还出现了一种更简

单的间接法辨识方案，在这里不妨将它称为"基于闭环衰减特征参数的间接法辨识工程计算方法"。用这种方案辨识非常简单，只要通过闭环调节试验得到若干闭环衰减特征参数，就可将控制器参数一并代入专用公式求得过程模型参数。不过这种方法明显存在 3 方面的局限性：1）局限于能做成衰减振荡试验的系统；2）局限于几种常见的过程模型结构；3）根据闭环系统的衰减振荡曲线求解衰减特征参数的过程离不开人工操作和计算，不利于辨识工作的自动化。下面给出 3 种较成熟的基于闭环衰减特征参数的间接法辨识工程计算方法。

（1）朱学锋（2010）方法[17]

假设过程模型为二阶时滞类型

$$G_p(s) = \frac{Ke^{-\tau s}}{T^2 s^2 + 2\zeta Ts + 1} \tag{2-13}$$

控制器为比例积分类型

$$G_c(s) = K_p\left(1 + \frac{1}{T_i s}\right) = \frac{K_p(T_i s + 1)}{T_i s} \tag{2-14}$$

则当通过衰减振荡试验得到衰减振荡型的闭环阶跃响应曲线（见图 2-59），进而从曲线上测量到参数（第一波峰值 y_1、终值 y_∞、峰值时间 t_1），就可通过式（2-15）和式（2-16）算得中间参数，再由式（2-17）、式（2-18）和式（2-19）求出式（2-20）所示的闭环传递函数的参数。最后，通过式（2-21）~式（2-24）［以及相关的式（2-25）~式（2-28）］求得过程模型参数。

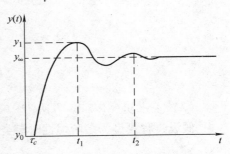

图 2-59　衰减振荡的闭环阶跃响应曲线

$$\rho = \left(\frac{1}{\pi}\ln\frac{y_1 - y_\infty}{y_\infty - y_0}\right)^2 \tag{2-15}$$

$$S_c = \int_0^\infty (y_\infty - y(t))\,\mathrm{d}t \tag{2-16}$$

$$\zeta_c = \sqrt{\frac{\rho}{1+\rho}} \tag{2-17}$$

$$T_c = \frac{t_1\sqrt{1 - \zeta_c^2}}{\pi} \tag{2-18}$$

$$\tau_c = \frac{S_c}{y_\infty - y_0} - 2\zeta_c T_c \tag{2-19}$$

$$\Phi(s) = \frac{e^{-\tau_c s}}{T_c s^2 + 2\zeta_c T_c s + 1} \quad\quad (2\text{-}20)$$

$$\tau = \tau_c \quad\quad (2\text{-}21)$$

$$T = \sqrt{\frac{2}{\tau B}} \quad\quad (2\text{-}22)$$

$$K = -T^2 E \quad\quad (2\text{-}23)$$

$$\zeta = \frac{1}{2} T\left(D - \frac{2}{\tau}\right) \quad\quad (2\text{-}24)$$

$$B = \frac{1}{T_i}\left(\frac{2}{T_c^2} + \frac{4\zeta_c}{T_c \tau_c}\right) \quad\quad (2\text{-}25)$$

$$C = \frac{2}{T_c^2} + \frac{4}{T_c \tau_c} + \frac{2}{T_i}\left(\frac{\zeta_c}{T_c} + \frac{1}{\tau_c}\right) \quad\quad (2\text{-}26)$$

$$D = \frac{1}{T_i} + \frac{2\zeta_c}{T_c} + \frac{2}{\tau_c} \quad\quad (2\text{-}27)$$

$$E = -\frac{1}{T_c^2} \quad\quad (2\text{-}28)$$

（2）王永初（1984）方法[16]

假设过程模型为多阶惯性时滞类型

$$G_p(s) = \frac{Ke^{-\tau s}}{(Ts+1)^n} \quad\quad (2\text{-}29)$$

控制器为比例类型

$$G_c(s) = K_p \qu\quad (2\text{-}30)$$

则当通过衰减振荡试验得到衰减振荡型的闭环阶跃响应曲线（见图2-60），进而从曲线上量测到参数（第一波峰值A_1、第二波峰值A_2），就可通过式(2-31)算得衰减率ψ，通过式（2-32）算得振荡度m，通过式（2-33）算得开环总增益K_c（模型增益K是通过稳态参数计算得出的，迟延时间τ是通过试验测得的），通过式（2-34）算得滞后角ϕ，通过式(2-35)算得等

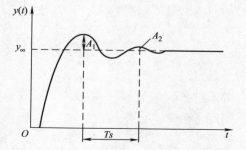

图2-60　衰减振荡型的闭环阶跃响应曲线

效增益K'_c，通过查表得等效阶数n'，通过式（2-36）算得模型阶数n，最后通

过式 (2-37) 算得惯性时间常数 T。

$$\psi = \frac{A_1 - A_2}{A_1} \quad\quad (2\text{-}31)$$

$$m = \frac{\ln(1-\psi)}{-2\pi} \quad\quad (2\text{-}32)$$

$$K_c = KK_p e^{-\frac{2\pi m\tau}{T_s}} \quad\quad (2\text{-}33)$$

$$\phi = \frac{360°\tau}{T_s} + \arctan\left(-\frac{1}{m}\right) + 180° \quad\quad (2\text{-}34)$$

$$K'_c = K_c^{\frac{180°}{180°-\phi}} \quad\quad (2\text{-}35)$$

$$n = \frac{180° - \phi}{180°} \quad\quad (2\text{-}36)$$

$$T = \frac{T_s \tan\left(\dfrac{180° - \phi}{n}\right)}{2\pi\left[1 + m\tan\left(\dfrac{180° - \phi}{n}\right)\right]} \quad\quad (2\text{-}37)$$

若假设过程模型为带积分的多阶惯性时滞类型

$$G_p(s) = \frac{Ke^{-\tau s}}{s(Ts+1)^n} \quad\quad (2\text{-}38)$$

控制器仍为比例类型

$$G_c(s) = K_p \quad\quad (2\text{-}39)$$

则当通过衰减振荡试验得到衰减振荡型的闭环阶跃响应曲线（见图 2-60），进而从曲线上量测到参数（第一波峰值 A_1、第二波峰值 A_2），就可通过式（2-40）算得衰减率 ψ，通过式（2-41）算得振荡度 m，通过式（2-42）算得开环总增益 K_c（模型增益 K 是通过稳态参数计算得出的，迟延时间 τ 是通过试验测得的），通过式（2-43）算得滞后角 ϕ，通过式（2-44）算得等效增益 K'_c，通过查表得等效阶数 n'，通过式（2-45）算得模型阶数 n，最后通过式（2-46）算得惯性时间常数 T。

$$\psi = \frac{A_1 - A_2}{A_1} \quad\quad (2\text{-}40)$$

$$m = \frac{\ln(1-\psi)}{-2\pi} \quad\quad (2\text{-}41)$$

$$K_c = \frac{KK_pT_s\mathrm{e}^{-\frac{2\pi m\tau}{T_s}}}{2\pi\sqrt{1+m^2}} \qquad (2\text{-}42)$$

$$\phi = \frac{360°\tau}{T_s} \qquad (2\text{-}43)$$

$$K'_c = K_c^{\frac{180°}{180°-\phi}} \qquad (2\text{-}44)$$

$$n = \frac{180°-\phi}{180°}n' \qquad (2\text{-}45)$$

$$T = \frac{T_s\tan\left(\dfrac{180°-\phi}{n}\right)}{2\pi\left[1+m\tan\left(\dfrac{180°-\phi}{n}\right)\right]} \qquad (2\text{-}46)$$

必须指出，针对多阶惯性时滞类型模型的计算公式与针对带积分的多阶惯性时滞类型模型的计算公式基本相同，只有计算 ϕ 和计算 K_c 的公式不一样。

（3）杨火荣（1990）方法[18]

该方法与王永初（1984）方法是一脉相承的，可以说都是基于广义频率特性法。

在衰减振荡工况下，闭环系统的广义频率特性特征式可表示为

$$1 + G_c(m,\omega)G_p(m,\omega) = 0 \qquad (2\text{-}47)$$

进而有幅值方程和幅角方程

$$\begin{cases} |G_c(m,\omega)G_p(m,\omega)| = 1 \\ \angle G_c(m,\omega)G_p(m,\omega) = \pi \end{cases} \qquad (2\text{-}48)$$

针对常见的 4 种过程模型

$$G_p(s) = \begin{cases} \dfrac{Ke^{-\tau s}}{s} \\[2mm] \dfrac{Ke^{-\tau s}}{Ts+1} \\[2mm] \dfrac{Ke^{-\tau s}}{s(Ts+1)} \\[2mm] \dfrac{Ke^{-\tau s}}{(T_1s+1)(T_2s+1)} \end{cases} \qquad (2\text{-}49)$$

和常见的 3 种控制器（P、PI、PID）

$$G_c(s) = \begin{cases} K_p \\ K_p\left(1 + \dfrac{1}{T_i s}\right) \\ K_p\left(1 + \dfrac{1}{T_i s}\right)(1 + T_d s) \end{cases} \tag{2-50}$$

则可推导出类似式（2-48）所示的幅值方程和幅角方程。当通过衰减振荡响应试验获得衰减指数 m 和衰减振荡角频率 ω 后，就可根据对应的方程解出对应的过程模型的参数。但是通过幅值方程和幅角方程只能解得两个未知参数。当过程模型的参数多于两个时，还得采用其他方法辅助解出多余参数。例如借助于终值定理求增益 K，通过阶跃响应曲线测取迟延时间 τ。下面只给出当过程模型为单容时滞型而控制器为比例积分类型时的过程模型参数计算公式。

假设过程模型为单容时滞型

$$G_p(s) = \frac{K e^{-\tau t}}{Ts + 1} \tag{2-51}$$

控制器为比例积分类型

$$G_c(s) = K_p\left(1 + \frac{1}{T_i s}\right) \tag{2-52}$$

那么，可导出相应的幅值方程和幅角方程为

$$\frac{K K_p e^{m\tau\omega} \sqrt{(T_i\omega)^2 + (1 - mT_i\omega)^2}}{T_i\omega \sqrt{1 + m^2} \sqrt{(T\omega)^2 + (1 - mT\omega)^2}} = 1 \tag{2-53}$$

$$\arctan\frac{1}{-m} + \arctan\frac{T\omega}{1 - m\omega T} - \arctan\frac{T_i\omega}{1 - mT_i\omega} + \tau\omega = \pi \tag{2-54}$$

当通过衰减振荡响应试验获得衰减指数 m 和衰减振荡角频率 ω 并测取迟延时间 τ 后，则可通过下式计算过程模型参数

$$\begin{cases} T = \dfrac{\tan\varphi}{\omega(1 + m\tan\varphi)} \\ \\ K = \dfrac{\sqrt{1 + m^2}}{K_p e^{m\tau\omega} \sqrt{(T_i\omega)^2 + (1 - mT_i\omega)^2}\,[\cos(\pi - \varphi) + m\sin(\pi - \varphi)]} \end{cases} \tag{2-55}$$

式（2-55）中

$$\varphi = \pi - \arctan\frac{1}{-m} + \arctan\frac{T_i\omega}{1 - mT_i\omega} \tag{2-56}$$

2.8 非零初态条件下的过程辨识

一般而言，辨识过程都是在零初始的假设条件下进行。所谓零初始条件指的

是过程输出的各阶导数都为零，即

$$y(0) = \dot{y}(0) = \cdots = y^{(n-1)}(0) = y^{(n)}(0) = 0 \qquad (2\text{-}57)$$

这就要求在辨识过程的起始时刻，被辨识过程已处于完全的静止或平衡状态。但是，在实际辨识过程中，这一点根本做不到。一则是实际存在的噪声或扰动无时不在，二则是为维持正常生产的频繁调节活动从未中断过。换言之，要找到辨识所需要的零初始条件是非常非常困难的，或许这就是以往的零初始条件辨识理论在非零初始条件的辨识实践中处处落败的主要原因之一。

1. 非零初始条件下的过程辨识的解决方案

针对零初始条件下的辨识问题，姜景杰（2006）[22]和靳其兵（2011）[23]给出了一种解决方案。那就是将系统状态变量的初始值也当作辨识参数和模型参数一起辨识。应该说，这种方案基本可解决非零初始条件下的过程辨识问题，无论是开环辨识还是闭环辨识，这种方案都是有效的。

将系统状态变量的初始值当作辨识参数和模型参数一起辨识的方案可简述如下：

假设被辨识过程用连续时间状态方程模型（以 SISO 系统为例）表示为

$$\begin{cases} \dot{X}(t) = AX(t) + Bu(t) \\ \quad y(t) = CX(t) \end{cases} \qquad (2\text{-}58)$$

$$X(t = t_0) = X_0 \qquad (2\text{-}59)$$

当状态变量初始值为零时，即

$$X_0 = 0 \qquad (2\text{-}60)$$

所考虑的被辨识过程的辨识问题就是零初始条件下的过程辨识问题。若状态变量初始值不为零时，即

$$X_0 \neq 0 \qquad (2\text{-}61)$$

所考虑的被辨识过程的辨识问题就是非零初始条件下的过程辨识问题。对此，将系统状态变量的初始值当作辨识参数和模型参数一起辨识的解决方案可表述为设立被辨识的模型参数变量为

$$\theta = \begin{bmatrix} A & B & C & X_0 \end{bmatrix} \qquad (2\text{-}62)$$

进一步的研究还可发现，状态变量的初始值也变为被辨识参数后，使被辨识参数的数量大为增加，从而增加了模型辨识的工作量并降低了模型辨识的准确度。一般而言，n 阶系统就有 n 个状态变量，也就有 n 个状态变量初始值需要辨

识。所以，被辨识参数数量的增加量将是系统的阶数。

2. 将状态变量初始值当作辨识参数的一种改进执行方案

上述解决方案在执行时存在着参数过多的问题，例如一个 2 阶过程，用传递函数表示则需要 3 个模型参数，而用状态方程模型表示则需要 6 个模型参数。所以一种改进的执行方案是利用传递函数模型易于转换成状态方程模型特点，将被辨识的状态方程模型参数换成传递函数模型参数，即

$$\theta = \begin{bmatrix} G(a_i & b_i) & X_0 \end{bmatrix} \tag{2-63}$$

或者用有物理意义的传递函数模型参数，即

$$\theta = \begin{bmatrix} G(T_i & K) & X_0 \end{bmatrix} \tag{2-64}$$

3. 非零初始条件下带时延过程的辨识问题

除此之外，还可发现对于非零初始条件下带时延系统的辨识，仅用状态变量初始值当作辨识参数的方法还是不够的，因为时延环节也有未知的初始值需要确定。对此，可用将时延环节用连续时间的多容惯性模型来替代，转换成避开时延环节的未知初始值确定问题，即

$$e^{-\tau s} = \frac{1}{\left(\frac{\tau}{n} s + 1 \right)^n} \tag{2-65}$$

4. 非零初始条件下过程辨识试验

假设一个闭环控制系统，其被控过程是一个双容惯性过程，为

$$G_p(s) = \frac{0.5}{s^2 + 4.5s + 0.5}$$

其控制器为

$$G_c(s) = \left(1 + \frac{1}{3.2s} \right) \left(\frac{1 + 0.27s}{1 + 0.25s} \right)$$

进行非零初始条件下的设定值阶跃激励辨识试验，同时在过程输出端加入白噪声（取白噪声的功率为 0.001），可得到辨识数据（设采样周期为 0.0125s，取数据长度为 45000），从而可绘制出如图 2-61 所示的过程输入响应曲线和如图 2-62 所示的过程输出响应曲线。注意，响应曲线的初始值均不为零。根据所得数据进行 PSO 辨识计算，经 600 代优化可得模型

$$\hat{G}_p(s) = \frac{0.5000}{s^2 + 4.5039s + 0.5000}$$

相应的模型准确度指标为相对最大误差百分数 $J_1 = 3.8977\%$，相对均方差百分数 $J_2 = 1.0568\%$。模型响应和实际响应的吻合曲线如图 2-63 所示。

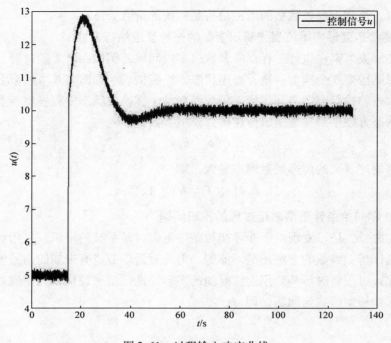

图 2-61　过程输入响应曲线

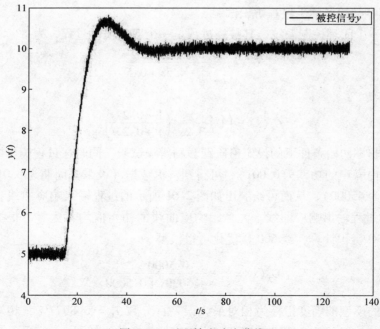

图 2-62　过程输出响应曲线

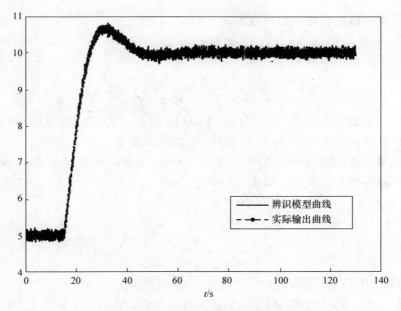

图 2-63　模型响应和实际响应的吻合曲线

2.9　不稳定过程的闭环过程辨识

在工业过程中存在着不稳定过程及相应的控制系统，例如化工厂聚合反应控制系统、直升飞机俯仰控制系统和水轮机调速系统等。辨识这些不稳定过程对控制器设计、故障诊断和状态监测是至关重要的。不稳定过程辨识的研究一直是辨识领域的难点之一[24-27]，因为用常规辨识方法对不稳定过程直接辨识时，往往得到的是辨识过程发散的结果，或者辨识出错误的模型。针对用直接辨识方法辨识线性定常不稳定连续系统模型失效的问题，以下提出一种滤波约分辨识方法。该方法基于输出误差（Output Error，OE）模型，所提出的滤波约分辨识法的核心是利用滤波约分将不稳定系统转化为稳定系统。此外，滤波约分辨识法采用的是非线性搜索性能较好和收敛速度较快的粒子群算法。

1. 线性定常不稳定连续过程模型

对有时滞的连续时间过程可用式（2-66）描述。

$$G(s) = \frac{B(s)}{A(s)} \cdot e^{-\tau s}$$

$$= \frac{b_0 s^{n_b} + b_1 s^{n_b - 1} + \cdots + b_{n_b}}{s^{n_a} + a_1 s^{n_a - 1} + \cdots + a_{n_a}} \cdot e^{-\tau s} \tag{2-66}$$

其中 $\{a_i,\ i = 1,\ \cdots,\ n_a\}$、$\{b_i,\ i = 0,\ \cdots,\ n_b\}$ 是系统模型的多项式系数；n_b 和 n_a 分别是模型分子和分母的阶次；s 是拉普拉斯算子；τ 是延迟时间。

无噪声的输出响应 $x(t)$ 可表示为

$$x(t) = G(p)u(t) = \frac{B(p)}{A(p)} e^{-\tau p} u(t)$$

$$= \frac{b_0 p^{n_b} + b_1 p^{n_b - 1} + \cdots + b_{n_b}}{p^{n_a} + a_1 p^{n_a - 1} + \cdots + a_{n_a}} \cdot e^{-\tau p} u(t) \tag{2-67}$$

式（2-66）和式（2-67）中，$G(p)$、$A(p)$ 和 $B(p)$ 是与 $G(s)$、$A(s)$ 和 $B(s)$ 相对应的运算符；假定 $A(p)$ 和 $B(p)$ 互质；p 为微分算子。

有色噪声用连续时间的 ARMA 模型（Auto Regressive Moving Average，自回归滑动平均模型）来表示，如式（2-68）

$$\nu(t) = \frac{D(p^{-1})}{C(p^{-1})} \cdot \varepsilon(t)$$

$$= \frac{1 + c_1 p^{-1} + \cdots + c_{n_c} p^{-n_c}}{1 + d_1 p^{-1} + \cdots + d_{n_d} p^{-n_d}} \cdot \varepsilon(t) \tag{2-68}$$

式（2-68）中，$\varepsilon(t)$ 是均值为零方差为 σ^2 的白噪声。

至此，系统的输出误差模型可描述为

$$y(t) = x(t) + \nu(t)$$

$$= \frac{B(p)}{A(p)} \cdot e^{-\tau p} u(t) + \frac{D(p^{-1})}{C(p^{-1})} \varepsilon(t) \tag{2-69}$$

通常情况下，输入 $u(t)$ 和输出 $y(t)$ 用离散时间采样获得，在恒定时间间隔 T_s 下得到采样信号 $u(t_k)$ 和 $y(t_k)$。此时，OE 模型表示为

$$y(t_k) = x(t_k) + \nu(t_k)$$

$$= \frac{B(p)}{A(p)} \cdot e^{-\tau p} u(t_k) + \frac{D(p^{-1})}{C(p^{-1})} \varepsilon(t_k) \tag{2-70}$$

系统输出误差为

$$\varphi_{OE} = y(t_k) - \frac{B(p)}{A(p)} \cdot e^{-\tau p} u(t_k)$$

$$= y(t_k) - x(t_k)$$

$$= y(t_k) - \hat{y}(t_k) \tag{2-71}$$

2. 基于输出误差模型的直接法辨识

在采用粒子群算法进行模型参数辨识时，所依据的适应度函数 $J(\theta)$ 如式（2-72）

$$J(\theta) = \sum_{t_k = 1}^{N} [y(t_k) - \hat{y}(t_k \mid \theta)]^2 \tag{2-72}$$

式（2-72）中，$\hat{y}(t \mid \theta)$ 为模型输出的估计值；θ 为待辨识的模型参数；N 为数据长度。

模型参数的辨识就是使适应度函数式（2-72）的最小化，所辨识出的模型参数 $\hat{\theta}$ 可表达为

$$\hat{\theta} = \mathrm{argmin}_{\theta \in U} J(\theta) \tag{2-73}$$

式（2-73）中，粒子寻优的区间 U 应该满足的条件 $\theta_0 \in U$；θ_0 为过程的真实参数。

对于不稳定系统，由于过程模型 $G(s)$ 中存在不稳定极点，所以使 $x(t)$ 在 $u(t)$ 激励时发散，根据式（2-71）可知，系统输出误差也将发散，这正是造成不稳定系统辨识不准确的原因。

3. 基于输出误差模型的滤波约分法辨识

设所研究的对象是不稳定过程，若直接利用系统输出误差 φ_{OE} 的平方的极小化作为损失函数进行辨识，则可能会由于模型 $A(p)$ 中含有不稳定的极点而可能造成数值问题。为此，提出一种滤波约分解决方案，即通过滤波约分将不稳定系统转化为稳定系统。

设滤波器为式（2-74）

$$f(p) = \frac{A'(p)}{F(p)} \tag{2-74}$$

式（2-74）中，$A'(p)$ 是由 $A(p)$ 中所有不稳定极点构成的多项式，$F(p)$ 是与 $A'(p)$ 同阶的多项式，且其特征根在根平面的负半平面（可由经验确定）。

经过滤波后的系统输出为

$$\begin{aligned} y_f(t) &= f(p) \cdot y(t) \\ &= \frac{B(p)}{A^*(p)F(p)} \cdot \mathrm{e}^{-\tau p} u(t) + \frac{A'(p)}{F(p)} \nu(t) \end{aligned} \tag{2-75}$$

式（2-75）中，$A^*(p)$ 是 $A(p)$ 与 $A'(p)$ 约分后由稳定极点构成的多项式。

此时的系统已转化为稳定系统，输出误差表示为

$$\begin{aligned} \varphi'_{OE} &= f(p) \cdot y(t) - \frac{B(p)}{A^*(p)F(p)} \cdot \mathrm{e}^{-\tau p} u(t) \\ &= y_f(t) - \hat{y}_f(t|\theta) \end{aligned} \tag{2-76}$$

则模型的参数辨识的适应度函数为

$$J_f(\theta) = \sum_{t_k=1}^{N} \left[y_f(t_k) - \hat{y}_f(t_k|\theta) \right]^2 \tag{2-77}$$

于是辨识出的参数为

$$\hat{\theta} = \mathrm{argmin}_{\theta \in U} J_f(\theta) \tag{2-78}$$

与直接辨识方法相比，经滤波器滤波约分后的系统 $\hat{y}_f$ 保留了原系统的稳定极点，不稳定极点由滤波器的 $F(p)$ 所取代。滤波后的系统成为与原系统同阶的稳定系统，保证了系统模型误差的收敛性。

4. 基于 PSO 算法的过程辨识算法

粒子群优化（PSO）算法是一种基于群体演化的随机搜索优化方法，是群体中个体之间信息的社会共享和协同进化。PSO 算法不易陷入局部最优，是一种迭代模式的优化算法。每个粒子的两个属性：第 i 个粒子的第 j 维的位置 $X_{ij}(t)$ 和速度 V_{ij}，其种群的两个属性：第 i 个粒子的第 j 维的历史最优位置 $P_{ij}(t)$ 和第 j 维的全局历史最优位置 $G_j(t)$。

微粒的速度和位置更新公式如式（2-79）。

$$\begin{cases} v_{ij}(t+1) = \omega v_{ij}(t) + r_1 C_1 (p_{ij} - x_{ij}(t)) + r_2 C_2 (g_{ij} - x_{ij}(t)) \\ x_{ij}(t+1) = x_{ij}(t) + v_{ij}(t+1) \end{cases} \tag{2-79}$$

式（2-79）中，r_1、r_2 为 $[0, 1]$ 的随机向量空间；ω 为惯性权重（inertia weight）取值由 $0.9 \sim 0.4$ 线性递减；C_1 和 C_2 为加速度常数（acceleration constants），常取值 $C_1 = C_2 = 2$。

基于 PSO 算法的直接法辨识和滤波约分法辨识步骤可归总描述如下：

1）根据过程的特性，确定群体规模 m 和搜索空间维数 r，并初始化群体的速度和位置。直接法中 $x_{ij}(t) = (\hat{B}, \hat{A}, \hat{\tau})$，滤波约分法中的 $x_{ij}(t) = (\hat{B}, \hat{A}^*, \hat{\tau}, \hat{A}')$。

2）根据式（2-79）计算每一个微粒新的速度和位置。

3）计算微粒的适应度，直接法的误差准则函数为式（2-72），滤波约分法的误差准则函数为式（2-77）。

4）对每个微粒，将其适应值与其经历过的最好位置 P_i 作比较，如果较好，则将其作为当前的最好位置，否则继续执行下一步。

5）对每个微粒，将其适应值与全局所经历的最好位置 P_g 作比较，如果较好，则将其作为当前全局的最好位置，否则继续执行下一步。

6）判断算法是否满足终止条件。若达到终止条件则算法停止，返回当前最优个体为参数辨识结果；否则返回第二步，继续下一循环。

值得指出，直接法辨识与滤波约分法辨识的不同之处在于系统输出不同：1）直接法中系统输出为 $y(t)$，滤波约分法为 $y_f(t)$；2）适应度函数不同：直接法中适应度函数为 $J(\theta)$，滤波约分法为 $J_f(\theta)$；3）待辨识参数不同：直接法需辨识系统零极点 $\hat{B}$、$\hat{A}$ 及时延 $\hat{\tau}$，滤波约分法则需辨识系统零点 $\hat{B}$、时延 $\hat{\tau}$、稳定极点 $\hat{A}^*$ 和不稳定极点 $\hat{A}'$。不稳定极点 $\hat{A}'$ 作为滤波器的分子被迭代辨识，因此滤波器的分子 $A'(p)$ 是在辨识过程中不断变化的，即形成了所谓的动态约分过程。而分母 $F(p)$ 由经验确定。

5. 仿真案例

针对如图 2-64 所示的闭环控制系统，输入信号 $r(t)$ 为单位阶跃信号，噪声

$v(t)$ 为服从 $N(0, \sigma^2)$ 正态分布的白噪声，控制器为 PID 控制器。以 $T_s = 1\text{ms}$ 为采样间隔，采集系统的输入数据和输出数据。采用的噪声模型 $\nu(t)$ 是最小相位的，设 $\nu(t) = \dfrac{0.05s + 1}{0.1s + 1}\varepsilon(t)$。

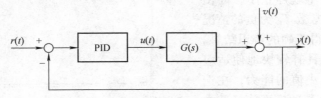

图 2-64 闭环控制系统结构

考虑不稳定过程为

$$G(s) = \frac{K}{(T_1 s + 1)(T_2 s + 1)} \cdot e^{-\tau s}$$

$$= \frac{-2}{(-s + 1)(1.5s + 1)} \cdot e^{-0.2s}$$

设噪声方差 $\sigma^2 = 0.001$。PSO 参数设置：迭代次数 $G = 200$，粒子种群数 $S = 30$，惯性权重 ω 由 0.9 线性下降到 0.4；PID 参数设置，$k_P = 3.6622$，$k_I = 1.3469$，$k_D = 2.4628$。对于过程模型 $G(s)$，分别用直接法辨识和滤波约分法辨识，可得表 2-3 所示辨识结果。其中，直接法 1 表示用直接法辨识且两个时间常数的寻优区间均为 $[-20\ 20]$；直接法 2 表示用直接法辨识且负的时间常数 T_1 的寻优区间为 $[-20\ 0]$；滤波器 $f(s)$ 的分母选为 $1.5s + 1$，分子是不断变化的。表 2-3 中的模型辨识相对误差百分比差量为 $\delta\% = \sqrt{\sum_{i=1}^{N}\left(\dfrac{\theta_i - \hat{\theta}_i}{\theta_i}\right)^2} \times 100\%$。

表 2-3 仿真案例辨识结果

参数	K	T_1	T_2	τ	$\delta\%$
真实值	-2	-1	1.5	0.2	0
直接法 1	-2.0339	1.8259	1.8260	0.9686	109.1423%
直接法 2	1.7734	-20	0	0	无法估计
本文方法	-2.0000	-0.9999	1.4981	0.1994	0.0739%

分析表 2-3 结果可见，对于这个二阶不稳定系统，用滤波约分法获得了接近理论真值的辨识结果，用直接法 1 获得的是一个稳定模型的错误辨识结果，而用直接法 2 则出现了参数值触界的陷入局部最优的情况。所以用滤波约分法可得到近似无偏的辨识结果，且误差百分数 $\delta\%$ 在 0.1% 以内，而用直接法则无法得到正确的辨识结果。

如图 2-65 所示为 3 种方法的迭代适应度值变化曲线。从图 2-65中可知，直接法 1 和直接法 2 的优化过程很早就停止了，即便是在限定时间常数 T_1 为负的情况下，也无法获得正确的辨识结果。而滤波约分法具有较快地使适应度值收敛到很小值的能力，在迭代 70 次之后，其适应度值已基本保持不变且小至 1.5795。

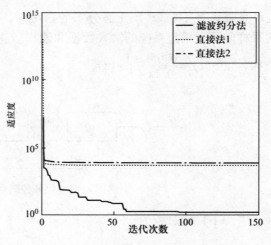

图 2-65　迭代适应度值变化曲线

6. 滤波参数选择对辨识结果的影响

利用以上仿真案例可研究滤波参数的选择对辨识结果的影响。滤波器的分子参数作为待辨识参数，随着迭代次数的增加而逐渐收敛于系统的不稳定极点，但滤波器的分母参数则要根据经验取值。在滤波器分母中滤波时间常数取不同值时的辨识结果见表 2-4。

表 2-4　滤波参数的选择对辨识结果的影响

滤波器分母	K	T_1	T_2	τ	$\delta\%$
真实值	-2	-1	1.5	0.2	0
0.09s + 1	-2.0339	1.8259	1.8260	0.9686	无法估计
0.1s + 1	-2.0002	-0.8293	1.7251	0.1817	10.4850%
1.5s + 1	-2.0000	-0.9993	1.4988	0.1993	0.0576%
5s + 1	-1.9999	-1.0014	1.4964	0.1996	0.1439%
5.1s + 1	-1.9586	-0.1037	-0.8603	1.4270	无法估计

从表 2-4 中可知，滤波器滤波时间常数的选择会对辨识结果造成较大的影响。只要滤波时间常数选择在恰当的范围内，就可以得到可收敛到真值的辨识结果。滤波时间常数取值过大或者过小都会造成误差百分数大到无法估计的结果，这是由于若滤波时间常数取值过小，相当于滤波约分不起作用，因此将得到与直接法辨识相似的结果；若滤波时间常数取值过大，滤波后的系统比实际系统慢了很多，滤波特性就代替了原系统特性，将致使辨识结果偏差变大。

综上所述，所提出的基于 OE 模型的滤波约分法可解决线性定常不稳定过程的模型辨识问题。采用的 PSO 优化算法可完成对模型参数辨识的寻优工作。对于滤波器滤波时间常数的选择和对辨识结果的影响的研究表明，滤波器滤波时间常数取值过大或过小都将无法获得正确的辨识结果。只有滤波器滤波时间常数选择在恰当的范围，才可以得到收敛于真值的辨识结果。

2.10 有色噪声背景下的闭环过程辨识

系统辨识是利用输入输出数据建立数学模型的方法，选择合适的模型对系统辨识十分重要。Box – Jenkins 模型是一种过程模型和噪声模型相结合的参数模型，是解决包含有色噪声的辨识问题的一种有效方法[28 – 35]。

在实际工业过程中，物理系统多是由一组微分方程或偏微分方程及若干约束关系组成的连续时间系统，因此连续模型的辨识更具有理论和实际意义。针对连续时间模型的辨识方法也不断发展。对于系统中的噪声部分，在实际中连续时间的噪声 ARMA 模型是无法完全采用直接估计方式进行辨识的，大部分都采用离散方法，因此过程为连续时间模型、噪声为离散时间模型的混合 Box – Jenkins 模型可以较好地解决这类问题，更有效地表征系统的特性。

对混合 Box – Jenkins 模型的参数辨识，若采用常规粒子群算法进行辨识，极易使结果陷入局部最优，难以达到对系统参数的有效估计。将连续过程模型与离散噪声模型进行分离，采用粒子群优化算法对两部分模型进行交替估计，可避免对系统直接进行估计容易陷入局部最优的缺陷，辨识结果更为精确可靠。将交替估计混合 Box – Jenkins 模型的辨识方法应用到某电厂机组烟气脱硝模型辨识的案例研究表明，可得到更准确的以氨气流量为输入，烟囱出口NO_X含量为输出的脱硝模型，从而验证了该方法的工程应用有效性。

1. 混合的 Box – Jenkins 模型

混合的 Box – Jenkins 模型可以有效地表示含噪声干扰系统的特性，它的过程部分采用连续时间模型，噪声部分采用离散时间模型，不仅使系统更具有实际物理意义，而且降低了连续时间 ARMA 模型在实际中应用的难度。连续时间过程模型可以被描述为拉普拉斯方程，如式（2-80）所示

$$G(s) = \frac{B(s)}{A(s)} = \frac{b_0 s^n + b_1 s^{n-1} + \cdots + b_n}{s^m + a_1 s^{m-1} + \cdots + a_n} \tag{2-80}$$

这里 $m > n$，s 为拉普拉斯算子。这时，输入 $u(t)$ 和无噪声的输出 $x(t)$ 可以描述为

$$x(t) = G(p)u(t) = \frac{B(p)}{A(p)}u(t) = \frac{b_0 p^n + b_1 p^{n-1} + \cdots + b_n}{p^m + a_1 p^{m-1} + \cdots + a_n}u(t) \tag{2-81}$$

这里 $G(p)$、$A(p)$、$B(p)$ 与 $G(s)$、$A(s)$、$B(s)$ 相对应，p 为微分算子。若添加有色噪声 $H(t)$，选择合适参数表示如式（2-82）。

$$H(t) = \frac{D(z^{-1})}{C(z^{-1})}w(t) = \frac{1 + c_1 z^{-1} + \cdots + c_n z^{-n}}{1 + d_1 z^{-1} + \cdots + d_m z^{-m}}w(t) \tag{2-82}$$

这里，$w(t)$ 是均值为 0、方差为 σ^2 的白噪声，z 表示向后的移位算子。混合的 Box – Jenkins 模型表达方程如式（2-83）所示。其中，离散的有色噪声 $H(t)$ 必须稳定，即 $C(z^{-1})$ 和 $D(z^{-1})$ 的根都在单位圆内。

$$y(t) = G(p)u(t) + H(t) = \frac{B(p)}{A(p)}u(t) + \frac{D(z^{-1})}{C(z^{-1})}w(t) \tag{2-83}$$

若对上述混合 Box – Jenkins 模型的辨识，设过程部分 $G(p)$ 的估计结果为 $\hat{G}(p)$，噪声部分的估计结果为 $\hat{H}(z^{-1})$，则混合的 Box – Jenkins 模型采用如式（2-84）的误差准则函数的最小化进行。

$$J = \sum_{t=1}^{N} \{\hat{H}(z^{-1})^{-1}[y(t) - \hat{G}(p)u(t)]\}^2 \tag{2-84}$$

2. 粒子群优化算法

粒子群算法是目前应用较为广泛的参数辨识智能算法之一，粒子在解空间内不断跟踪个体极值与全局极值进行搜索，直到达到规定的迭代次数或满足给定的误差标准为止。粒子群算法由于其方法简单，容易实现，近年来被广泛用于参数辨识过程。但是该方法也存在一定局限，易陷入局部最优，使参数辨识结果不佳。对混合 Box – Jenkins 模型采用 PSO 算法直接进行辨识，也会因陷入局部最优而使辨识参数结果误差较大。

3. 交替估计辨识算法

用常规的粒子群算法直接辨识混合 Box – Jenkins 模型极易陷入局部最优，若采取过程模型与噪声模型交替估计的方法可有效地避免直接辨识的缺陷，排除噪声的干扰，使辨识模型结果更为精确。

在获取有色噪声干扰下的系统模型输入输出数据后，先忽略有色噪声模型部分，利用 PSO 算法仅对过程模型部分进行辨识，得到参数估计结果。将已辨识出的过程模型代入原有的混合 Box – Jenkins 模型中，对有色噪声模型部分进行辨识，得到噪声模型的估计结果，在此基础上，继续将其辨识结果代入混合 Box – Jenkins 模型，对过程模型再次进行辨识。按照这种过程模型、噪声模型依次交替循环的估计方法，减小了噪声对模型估计的影响，最终使辨识结果逐渐逼近实际过程模型，上述算法步骤的流程图如图 2-66 所示。

由于混合 Box – Jenkins 模型过程模型为连续时间模型，噪声模型为离散时间模型，且辨识过程为两者交替估计，因此在辨识过程中采用不同形式的最小误差准则函数。在对连续时间模型部分进行参数辨识时，θ 为待优化问题的参数，由于忽略了噪声部分，模型的输出预测值为

$$\hat{y}_1(t|\theta) = \frac{B(p)}{A(p)}u(t) \tag{2-85}$$

因此，连续时间过程模型部分的优化准则函数如式（2-86）所示。

$$J_1 = \sum_{t=1}^{N} [y(t) - \hat{y}_1(t)]^2 \tag{2-86}$$

对离散的噪声模型部分进行估计时，输出预测值为

$$\hat{y}_2(t|\theta) = \frac{C(Z^{-1})B(p)}{D(Z^{-1})A(p)}u(t) +$$

$$\left[1 - \frac{C(Z^{-1})}{D(Z^{-1})}\right]y(t) \quad (2\text{-}87)$$

因此，离散时间过程模型部分的优化准则函数如式（2-88）所示。

$$J_2 = \sum_{t=1}^{N}\left[y(t) - \hat{y}_2(t)\right]^2$$

$$(2\text{-}88)$$

4. 仿真案例验证

为验证新方法的有效性，以给定的二阶纯迟延混合 Box – Jenkins 模型为例进行辨识验证，其中连续时间过程模型如式（2-89）所示，离散的噪声模型如式（2-90）所示，其中 K、A、B、τ 为待辨识的过程模型参数，C、D、E、F 为噪声模型参数。选择合适参数使噪声为稳定，系统输入为阶跃信号，开环过程输出响应数据通过 MATLAB 仿真得到。

$$G(s) = \frac{K}{(A*s+1)(B*s+1)}e^{-\tau s}$$

$$(2\text{-}89)$$

$$H(z^{-1}) = \frac{z^{-2} + C*z^{-1} + D}{z^{-2} + E*z^{-1} + F} \quad (2\text{-}90)$$

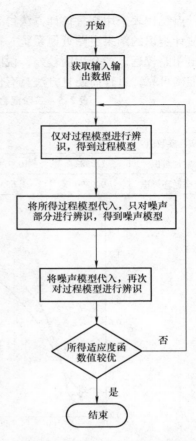

图 2-66 混合 Box – Jenkins 模型的交替辨识算法流程图

对二阶混合 Box – Jenkins 模型采用交替估计粒子群算法进行辨识，设置算法相应参数，交替估计循环 3 次。为了更好地对比说明交替辨识算法的有效性，将其与常规辨识方法进行对比，即过程模型和噪声模型参数共同进行辨识的方法。两种方法得到的辨识结果见表 2-5，从表 2-5 的结果可以看出，交替估计的方法辨识出的结果更接近原模型参数，常规的直接辨识方法由于陷入了局部最优，结果不理想，参数辨识结果与原系统模型参数相差较大，甚至有部分参数达到边界值，另外从适应度函数值结果来看，交替估计的结果误差更小，相对地常规辨识的适应度函数值较大，其误差是交替估计结果误差的 10 倍左右。

对辨识所得的模型在相同输入下进行激励，仿真结果如图 2-67 所示。图中实线表示原系统的输出响应，点划线表示利用常规辨识方法所得到系统模型输

出，点线代表采用交替估计方法得到的模型输出，可以看出在相同激励作用下交替估计辨识的结果更贴近原系统，拟合程度较好，而相对常规辨识结果实际系统输出相差较远，拟合程度较差，说明交替估计的方法排除了噪声干扰，使结果更为准确可靠，过程简便且方法具有优越性。

表2-5　二阶混合 Box – Jenkins 模型辨识结果

	A	B	C	τ	适应度函数值
实际参数值	1	2	10	20	
常规辨识	1. 2083	10. 9745	20. 9745	12. 1773	10. 7000
交替循环辨识	0. 9790	1. 6534	9. 9422	20. 1246	1. 0845

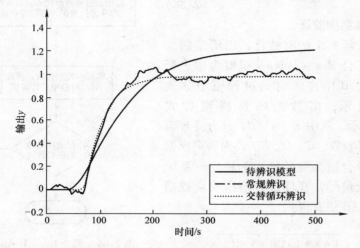

图 2-67　二阶混合 Box – Jenkins 模型辨识的仿真结果

5. 火电厂脱硝模型辨识应用案例

为验证该方法的实际应用可行性，尝试对某电厂机组脱硝系统进行辨识。该脱硝系统的输入为氨气供给流量，输出为烟囱出口 NO_X 含量。选取某发电机组 2016 年 6 月 27 日上午的某段正常运行输入输出数据（采样间隔时间为 12s）用于模型辨识，该时间段输入输出数据反映了出口 NO_X 含量从一个稳态值经过一定时间的逐步下降到一个新的稳态值的动态过程，具有动态特性代表性。该过程的输入和输出曲线如图 2-68 和图 2-69 所示。

由于辨识对象具有时滞惯性特点，且带延迟的二阶模型能够准确地反映脱硝过程特性[33]，因此脱硝系统的过程部分采用二阶惯性加纯迟延模型，即喷氨量与烟囱出口 NO_X 含量的连续时间过程模型传递函数为如式（2-89）所示，噪声模型如式（2-90）所示，构成该烟气脱硝系统的混合 Box – Jenkins 模型。

基于该脱硝系统的源数据，利用交替估计的方法对系统进行辨识，在 MAT-

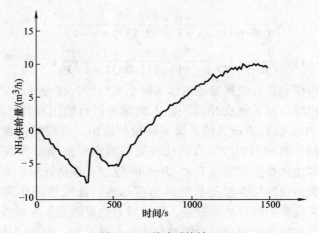

图 2-68　脱硝系统输入

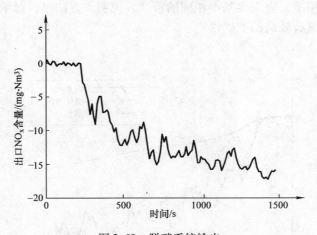

图 2-69　脱硝系统输出

LAB 中设置仿真参数，同样地利用常规辨识方法与其进行对比试验，两种方法分别估计该系统模型参数结果见表 2-6，从表 2-6 中适应度函数值来看，交替循环估计的辨识结果误差远远小于常规辨识结果误差，因此得到的参数结果更接近原系统。

表 2-6　脱硝系统模型辨识结果

	K	A	B	τ	适应度函数值
交替循环辨识	−0.6400	79.6637	79.5352	155.5619	103.2445
常规辨识	−0.2670	161.0737	111.0031	146.7486	3608.5172

将表 2-6 中所得各个参数值代入式（2-89），分别得两种方法辨识出的过程模型传递函数如式（2-91）和式（2-92）所示。

$$\hat{G}_1(s) = \frac{-0.6400}{(79.6637*s+1)(79.5352*s+1)}e^{-155.5619*s} \qquad (2-91)$$

$$\hat{G}_2(s) = \frac{-0.2670}{(161.0737*s+1)(111.0031*s+1)}e^{-146.7486*s} \qquad (2-92)$$

为检验所得模型是否能精确地表示实际系统特性，将得到的交替循环辨识模型和常规辨识模型与原系统在相同的输入激励下进行输出对比，结果如图 2-70 所示。图 2-70 中实线代表该脱硝系统实际模型输出，点划线代表常规辨识所得模型在相同激励下的输出响应，点线代表交替辨识所得模型在该激励下输出响应。基于粒子群优化算法的混合 Box – Jenkins 模型交替估计辨识方法得到的辨识结果较好，烟囱出口 NO_X 含量仿真曲线与实际运行曲线趋势相同，拟合程度较好，而相对的常规辨识拟合结果较差，不能较好地反映原系统特性，与原输出曲线偏差较大。交替循环辨识得到的模型与实际系统模型，在相同的氨气流量作为输入的激励作用下，表现出基本相同的特性，说明该方法可以对烟气脱硝系统进行有效辨识，具有较高的准确性。

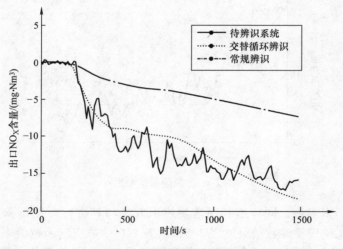

图 2-70 脱硝系统仿真结果

综上所述，混合 Box – Jenkins 模型可以更准确、有效地表征系统动静态特性，本文所提出的基于粒子群优化算法的交替估计辨识方法，将过程模型与噪声模型进行分离，两者循环交替辨识，使结果逐步逼近真实模型。仿真案例说明，交替估计的辨识方法克服了对过程模型和噪声模型共同辨识易陷入局部最优的缺陷，得到了较好的参数辨识结果。将该交替估计方法应用电厂烟气脱硝系统的辨识，得到的模型参数比常规辨识更为准确。

2.11 模型结构辨识及基于阶跃响应特征的模型结构初定方法

1. 过程模型结构辨识问题

传统的辨识理论所定义的模型结构辨识问题实际为过程模型确定阶次的问题，所提出的解决方案基本有两类：Hankel 矩阵法和残差方差分析法[3]。现在看来，这些已有理论已远远不能满足实际模型辨识的需要。首先，因为模型结构辨识问题定义仅为过程模型确定阶次的问题明显是简单化了，从面向控制工程应用的需求角度来看，模型阶数应当尽量选低且不用很准确。但是阶数相同的模型，其特性可以相差很大，也就是说仅仅确定模型阶数是不够的，实际需要确定的是模型零极点的大体位置，只有知道了模型零极点的大体位置，才能确定模型的基本特性，例如微分型、积分型、惯性型或振荡型，这些更细致的模型结构特征，仅靠确定模型阶次是无法区别的。其次，因为已提出确定阶次的方法，无论是 Hankel 矩阵法还是残差方差分析法都没有足够的工程实用性，这两种方法要么是计算繁复难以实施，要么是做不到确定阶次的准确性。因此，下面提出一种新的解决方案：基于阶跃响应特征的过程模型结构初定方法。

2. 面向控制的辨识用过程模型结构

面向控制的过程辨识也称为为了控制的过程辨识，主要限定过程辨识的目的是服务于过程控制。而过程控制中需要用过程模型的领域主要在控制器的设计和参数整定方面，特别是在参数整定领域用得最多。在工业控制中，PID 控制器使用最普遍，所以模型辨识首先应满足 PID 参数整定的需要。由于 PID 参数整定只需要低阶的过程模型，那么模型辨识先要解决的是相对容易的低阶过程模型辨识。

不妨从参考文献［36］所归纳的过程模型中选出如下所列的 11 种被辨识过程的模型结构。这 11 种被辨识过程的模型以及经过简单组合形成的模型基本可满足面向控制需求的被辨识过程模型辨识的一般需要。

（1）单容时滞模型

$$G_p(s) = \frac{Ke^{-\tau t}}{Ts + 1} \tag{2-93}$$

（2）双容时滞模型

$$G_p(s) = \frac{Ke^{-\tau t}}{(T_1 s + 1)(T_2 s + 1)} \tag{2-94}$$

（3）多容时滞模型

$$G_p(s) = \frac{Ke^{-\tau t}}{(Ts + 1)^n} \tag{2-95}$$

（4）单容超前模型

$$G_p(s) = \frac{K(Ls + 1)}{Ts + 1} \tag{2-96}$$

（5）双容超前模型

$$G_p(s) = \frac{K(Ls+1)}{(T_1s+1)(T_2s+1)} \tag{2-97}$$

（6）三容超前模型

$$G_p(s) = \frac{K(T_4s+1)}{(T_1s+1)(T_2s+1)(T_3s+1)} \tag{2-98}$$

（7）单容时滞积分模型

$$G_p(s) = \frac{Ke^{-\tau t}}{s(Ts+1)} \tag{2-99}$$

（8）单容微分模型

$$G_p(s) = \frac{Ks}{Ts+1} \tag{2-100}$$

（9）双容微分模型

$$G_p(s) = \frac{Ks}{(T_1s+1)(T_2s+1)} \tag{2-101}$$

（10）二阶振荡模型

$$G_p(s) = \frac{K}{T^2s^2 + 2\zeta Ts + 1} \tag{2-102}$$

（11）单容右零点模型

$$G_p(s) = \frac{K(-Fs+1)}{Ts+1} \tag{2-103}$$

3. 常用过程辨识模型的阶跃响应

根据上述的 11 种被辨识过程模型，假设阶跃响应仿真实验模型参数见表 2-7，则利用计算机仿真技术可得到以下的阶跃响应曲线图（见图 2-71 ~ 图 2-81）。仔细分析这些曲线图的特征，可以将它们归为下述的 7 种类型：时滞型（见图 2-71 ~ 图 2-73、图 2-77）、惯性型（见图 2-71 ~ 图 2-79、图 2-81）、超前型（见图 2-74 ~ 图 2-76）、微分型（见图 2-78 ~ 图 2-79）、积分型（见图 2-77）、振荡型（见图 2-80）、右零点型（见图 2-81）。

表 2-7　阶跃响应仿真实验模型参数

模型	K	T_1 或 T	T_2 或 n 或 F	T_3	τ 或 ζ 或 L
单容时滞	10	20	—		30
双容时滞	10	20	5		30
多容时滞	10	10	3		30
单容超前	10	8	—		25
双容超前	10	8	5		25
三容超前	10	8	5	7	25
单容时滞积分	10	20	—		30

（续）

模型	K	T_1 或 T	T_2 或 n 或 F	T_3	τ 或 ζ 或 L
单容微分	10	20	—	—	—
双容微分	10	20	5	—	—
二阶振荡	10	10	0.3	—	—
单容右零点	10	10	0.8	—	—

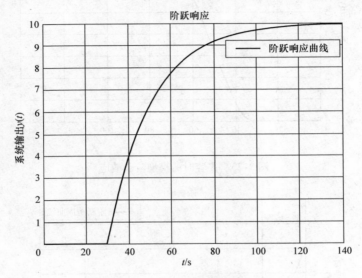

图 2-71　单容时滞模型阶跃响应

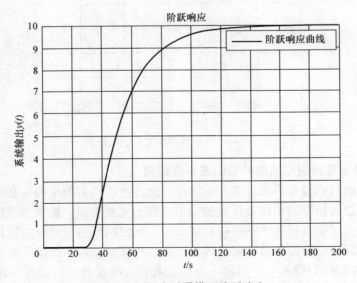

图 2-72　双容时滞模型阶跃响应

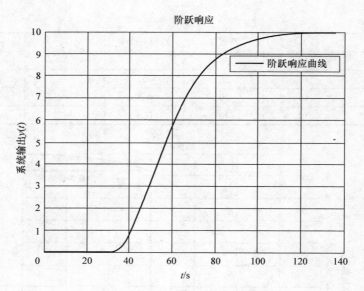

图 2-73 多容时滞模型阶跃响应

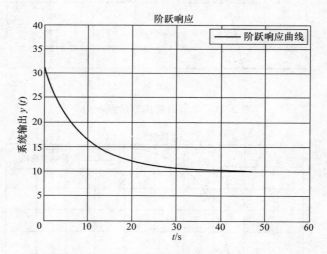

图 2-74 单容超前模型阶跃响应

4. 常用过程辨识模型的阶跃响应特征识别

在正式的过程模型辨识计算开始之前，选定过程模型的结构是必须完成的工作。而选定过程模型的结构要根据被辨识过程的先验知识。被辨识过程的先验知识之一就是被辨识过程的阶跃响应特征。以下列归纳出的面向控制的常用过程辨识模型的阶跃响应特征信息，可以成为预选过程模型结构的选择依据。

1）时滞型模型阶跃响应的特征是其阶跃响应曲线的起始处有一段输出为零的响应，且零响应段的长度与时滞时间 τ 成正比，如图 2-71 所示。

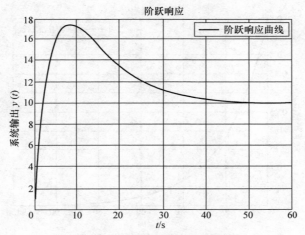

图 2-75 双容超前模型阶跃响应

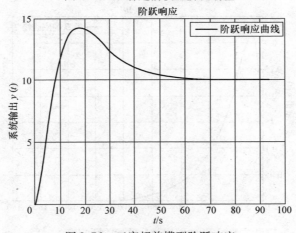

图 2-76 三容超前模型阶跃响应

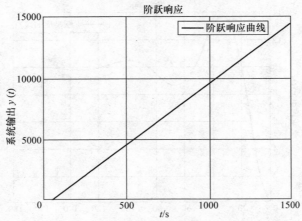

图 2-77 单容时滞积分模型阶跃响应

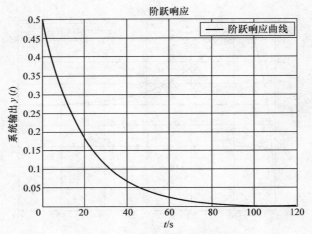

图 2-78　单容微分模型阶跃响应

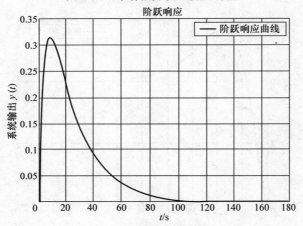

图 2-79　双容微分模型阶跃响应

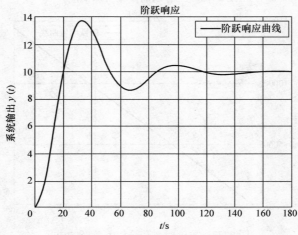

图 2-80　二阶振荡模型阶跃响应

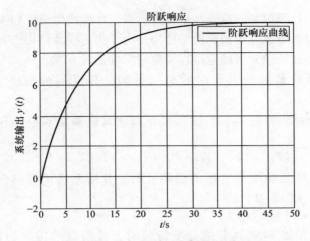

图 2-81　单容右零点模型阶跃响应

2）惯性型模型阶跃响应特征，其阶跃响应曲线为半 S 形或 S 形。对于单容过程其阶跃响应曲线为半 S 形，而对于双容及多容过程其阶跃响应曲线为 S 形。惯性型模型阶跃响应的后半段为按指数规律衰减的变化曲线，输出变量的变化速度从最大值线性地减少至零，如图 2-71 ~ 图 2-73 所示。

3）超前型模型阶跃响应特征，其阶跃响应曲线的前半段有上冲的突起。由图 2-75 可见，有超前特性的惯性过程和无超前特性的惯性过程的阶跃响应曲线间的差别就在于有无这个前期突起。

4）微分型模型阶跃响应特征，其阶跃响应曲线就像一个脉冲，最终将趋向零如图 2-79 所示。

5）积分型模型阶跃响应特征，其阶跃响应曲线就像一条上坡轨迹如图2-77 所示。

6）振荡型模型阶跃响应特征，其响应曲线上下波动，或衰减或发散，或单频率振荡，或多频率振荡如图 2-80 所示。

7）右零点型模型阶跃响应特征，其阶跃响应曲线起始处存在负响应波形如图 2-81 所示。

5. 基于阶跃响应特征的过程模型结构初定方法

在获取了某被辨识过程的一段激励响应数据后，在应用辨识优化方法计算该过程模型之前，需要确定该过程模型结构之时，假定已知该过程的阶跃响应曲线，那么可通过观察该过程的阶跃响应曲线，判断出是否具有上述的 7 种类型的阶跃响应特征。如果有，则可按下述方法初定过程模型结构；如果没有，则需另想办法。如果所具有的特性类型不止一个，则所初定的模型结构可以是几种模型的组合。所初定模型结构的最后确定将在使用该模型进行辨识优化计算之后。通过对所计算出的过程模型的准确度指标分析以及计算模型响应和实际数据的拟合图线观察，可以否定或肯定初定模型结构。由于初定模型结构的方案往往不止一个，所以可以通过比较分析确定过程模型结构的最终方案。

1）当模型阶跃响应具有时滞型特征时，其模型结构应当包括时滞环节：$e^{-\tau s}$。

2）当模型阶跃响应具有惯性型特征时，其模型结构应当包括惯性环节：$\dfrac{1}{Ts+1}$、$\dfrac{1}{(T_1 s+1)(T_2 s+1)}$、$\dfrac{1}{(T_1 s+1)(T_2 s+1)(T_3 s+1)}$或$\dfrac{1}{(Ts+1)^n}$。

3）当模型阶跃响应具有超前型特征时，其模型结构应当包括超前环节：$\dfrac{K(Ls+1)}{Ts+1}$或$\dfrac{K(Ls+1)}{(T_1 s+1)(T_2 s+1)}$。

4）当模型阶跃响应具有微分型特征时，其模型结构应当包括微分型环节：$\dfrac{Ks}{Ts+1}$。

5）当模型阶跃响应具有积分型特征时，其模型结构应当包括积分环节：$\dfrac{1}{s}$。

6）当模型阶跃响应具有振荡型特征时，其模型结构应当包括振荡环节：$\dfrac{K}{Ts^2+2\zeta Ts+1}$。

7）当模型阶跃响应具有右零点型特征时，其模型结构应当包括右零点型环节：$\dfrac{K(-Fs+1)}{Ts+1}$。

8）当模型阶跃响应同时具有多种类型特征时，其模型结构应当包括这些类型的对应环节。不过多种环节的叠加将会使模型变得复杂和高阶，从而使辨识困难增加。为此，应当做简化处理，即比较已有的多种特征，只选用较明显的特征，从而减少模型初定所考虑的阶跃响应类型数。

2.12　扰动下的闭环过程辨识

在实际闭环控制系统中，被控过程的输出量也就是控制系统的被控量往往不只是受到一个控制量作用。更严密的分析应当是：被控过程的输出量将受到受控过程的两类通道的多个输入变量的作用，如图 2-82 所示。首先是可控通道，对于单回路单变量控制系统，可控通道只有一路，也就是对应于一个控制量的作用；对于多回路多变量控制系统，可控通道将有多路，也就是对应于多个控制量的作用。其次是扰动通道，即便是对于单回路单变量控制系统，被控过程的扰动通道输入还可细分为 4 类：可测扰动类、不可测扰动类、未知扰动类和随机噪声扰动类，这4类扰动通道输入都将作用于被控过程的输出量。以往的闭环辨识分析大多局限于考虑可控通道一项输入变量，至多加上一项随机噪声扰动输入变量。这样的分析对于仿真试验和纯理论研究并没有什么错，但是对于许多真实的被控过程模型辨识就可能差之千里了。因为许多真实被控过程的输出量除了受可控通道的输入影响以外还对多种扰动通道的输入很敏感。这些扰动通道的输入如果被忽略，必将造成被控过程模型辨识上不可小觑的大误差。以往许多辨识不准确模型的案例出现或许多半是因为这个主要原因。

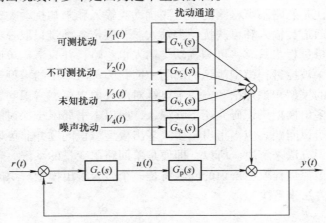

图2-82　具有扰动通道的闭环控制系统分析

对于可测扰动通道，其输入量必然是可以测到的。例如负载、功率、流量都是典型的可测扰动变量。许多受控过程特性随负载变化，以至于控制器按固定负载模型设计就得不到好的控制品质，从而不得不采用多模控制或滑模控制等方案。因此，对于可测扰动通道输入敏感的被控过程的模型辨识，应该将可测扰动通道模型与可控通道模型一起辨识。

对于不可测扰动通道，其输入量虽然在分析中存在，但是实际检测不可能实现。例如，蒸汽干度、某种化学成分浓度和传热流量等，虽然知道这些输入量将必然对输出量产生影响，但是却因这些量不可测而无法建立相应的可测扰动通道模型。

对于未知扰动通道，其输入量甚至不能分析得知，当然无法命名。但是在实际的过程辨识中，被控过程的未知扰动通道往往是存在的，特别在多变量控制系统的复杂特性过程中，以及在缺少被控过程的先验知识的场合中。在过程模型辨识中，未知扰动通道可以和不可测扰动通道归在一起处理，因为它们的输入量都是无法检测的。

对于随机噪声扰动通道，其输入量虽然在分析中存在，但是实际检测也是很困难，因为无法将噪声和有效的过程输出严格分开。然而，噪声的统计特性还是可以量测的，建立噪声模型也具有可行性。在过程模型辨识中，对于随机噪声扰动通道，一般有忽略和建立模型两种处理方案。

根据以上严谨的分析，闭环控制系统中被控过程的输出量实际上将受多类多项输入量的作用，即便是所谓的单回路单变量的系统也是如此。因此，被控过程模型辨识的问题应该是一个多变量辨识的问题。如果不算噪声输入项，过程输出量至少受可控通道类输入、可测扰动类输入、不可测扰动类输入和未知扰动类输入的作用，即便是忽略不可检测的不可测扰动类输入和未知扰动类输入，过程输出量还受可控通道类输入和可测扰动类输入。若假定各类量只取一项，那也是两入一出的多变量过程。只有将可测扰动类输入也忽略，并只考虑单回路单变量系统的闭环辨识，被控过程模型辨识的问题才简化为单入单出的模型辨识问题。

由于目前的模型辨识理论和方法主要针对单入单出模型辨识问题，而对于多入单出或多入多出模型辨识研究还不够深入，所以本书局限于探讨闭环辨识中的单入单出模型辨识问题。应当指出，多入多出模型辨识问题并非可以简单套用单入单出模型辨识方法来解决。所以，即便是单回路单变量的系统，若要考虑可测扰动类输入，被控过程模型辨识的问题将是一个多入多出模型辨识问题，必须用多变量辨识的方法来解决。

第 3 章 设定值激励闭环过程辨识的仿真试验

3.1 大惯性过程的闭环辨识

假设一个闭环控制系统，其被控过程是一个大惯性过程 ($\dfrac{\tau}{T} = \dfrac{1}{100} = 0.01$)，为

$$G_p(s) = \frac{10}{100s + 1} e^{-s}$$

其控制器为

$$G_c(s) = 1.5(1 + \frac{1}{5s} + \frac{2s}{0.2s + 1})$$

在进行设定值阶跃激励试验时，在过程输出端加入白噪声，其白噪声的功率逐渐增强。当取白噪声的功率为 0.00005 时，可得到在设定值阶跃激励（阶跃幅值取 5）下的辨识数据（设采样周期为 0.01 s，取数据长度为 6000），从而可绘制出如图 3-1 所示的过程输入响应曲线和如图 3-2 所示的过程输出响应曲线。根据所得数据进行 PSO 辨识计算可得模型

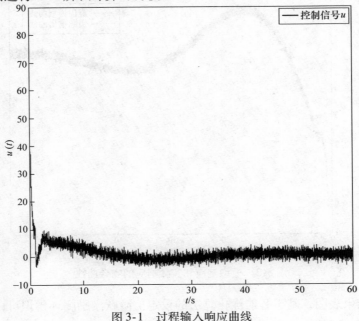

图 3-1　过程输入响应曲线

$$\hat{G}_p(s) = \frac{9.9977}{99.9370s+1}e^{-1.0029s}$$

相应的模型准确度指标为相对最大误差百分数 $J_1 = 4.0146\%$，相对均方差百分数 $J_2 = 1.0184\%$。模型响应和实际响应的吻合曲线如图3-3所示。

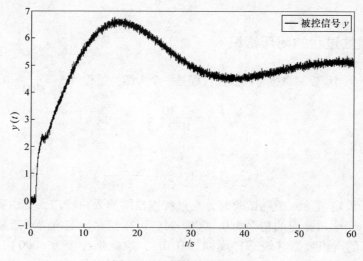

图3-2 过程输出响应曲线

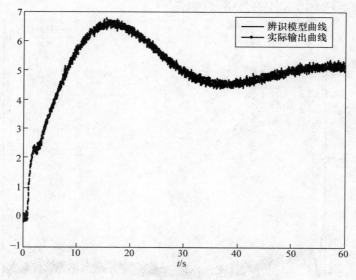

图3-3 模型响应和实际响应的吻合曲线

　　试验结果表明，基于智能优化算法的设定值阶跃激励闭环辨识可以准确辨识大惯性过程。

3.2 大时滞过程的闭环辨识

假设一个闭环控制系统，其被控过程是一个大时滞过程（$\frac{\tau}{T} = \frac{10}{1} = 10$），为

$$G_p(s) = \frac{10}{s+1}e^{-10s}$$

其控制器为

$$G_c(s) = 0.05(1 + \frac{1}{10s})$$

在进行设定值阶跃激励试验时，在过程输出端加入白噪声，其白噪声的功率逐渐增强。当取白噪声的功率为 0.00005 时，可得到在设定值阶跃激励（阶跃幅值取5）下的辨识数据（设采样周期为 0.01s，取数据长度为 9000），从而可绘制出如图 3-4 所示的过程输入响应曲线和如图 3-5 所示的过程输出响应曲线。根据所得数据进行 PSO 辨识计算可得模型

$$\hat{G}_p(s) = \frac{10}{0.9955s+1}e^{-10.0046s}$$

相应的模型准确度指标为相对最大误差百分数 $J_1 = 5.1812\%$，相对均方差百分数 $J_2 = 1.3041\%$。模型响应和实际响应的吻合曲线如图 3-6 所示。

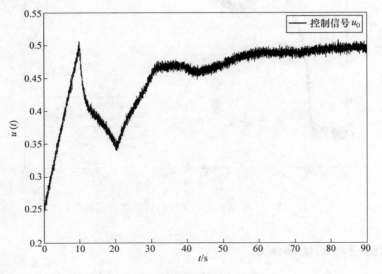

图 3-4   过程输入响应曲线

试验结果表明，基于智能优化算法的设定值阶跃激励闭环辨识可以准确辨识大时滞过程。

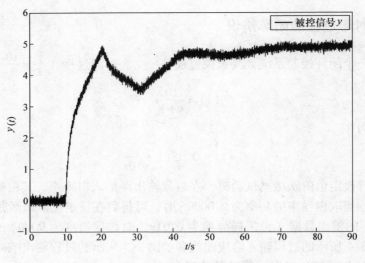

图 3-5　过程输出响应曲线

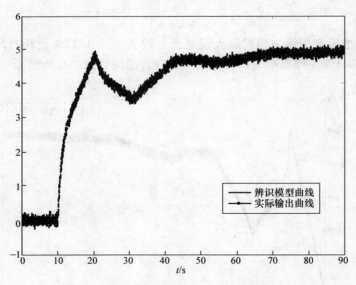

图 3-6　模型响应和实际响应的吻合曲线

3.3　积分过程的闭环辨识

假设一个闭环控制系统，其被控过程是一个积分过程，为

$$G_p(s) = \frac{10}{s(10s+1)}e^{-s}$$

其控制器为

$$G_c(s) = 0.05(1 + \frac{1}{50s} + \frac{2s}{0.2s+1})$$

在进行设定值阶跃激励试验时，在过程输出端加入白噪声，其白噪声的功率逐渐增强。当取白噪声的功率为 0.00005 时，可得到在设定值阶跃激励（阶跃幅值取 5）下的辨识数据（设采样周期为 0.01s，取数据长度为 6000），从而可绘制出如图 3-7 所示的过程输入响应曲线和如图 3-8 所示的过程输出响应曲线。根据所得数据进行 PSO 辨识计算可得模型

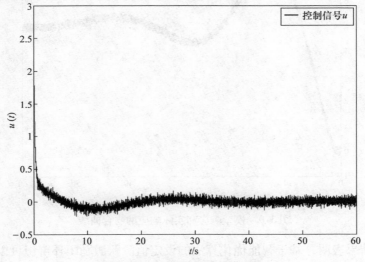

图 3-7　过程输入响应曲线

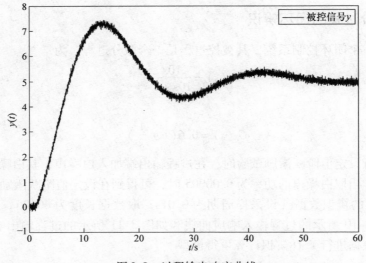

图 3-8　过程输出响应曲线

$$\hat{G}_p(s) = \frac{9.9998}{s(9.9967s+1)}e^{-1.0049s}$$

相应的模型准确度指标为相对最大误差百分数 $J_1 = 3.6882\%$，相对均方差百分数 $J_2 = 0.9285\%$。模型响应和实际响应的吻合曲线如图 3-9 所示。

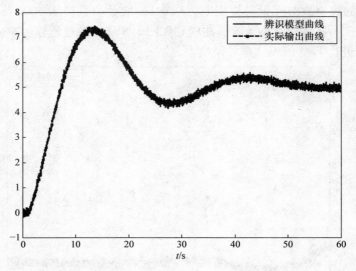

图 3-9　模型响应和实际响应的吻合曲线

试验结果表明，基于智能优化算法的设定值阶跃激励闭环辨识可以准确辨识积分过程。

3.4　微分过程的闭环辨识

假设一个闭环控制系统，其被控过程是一个微分过程，为

$$G_p(s) = \frac{10s}{10s+1}e^{-s}$$

其控制器为

$$G_c(s) = 0.6(1+\frac{1}{s})$$

在进行设定值阶跃激励试验时，在过程输出端加入白噪声，其白噪声的功率逐渐增强。当取白噪声的功率为 0.00005 时，可得到在设定值阶跃激励（阶跃幅值取 5）下的辨识数据（设采样周期为 0.01s，取数据长度为 6000），从而可绘制出如图 3-10 所示的过程输入响应曲线和如图 3-11 所示的过程输出响应曲线。根据所得数据进行 PSO 辨识计算可得模型

$$\hat{G}_p(s) = \frac{10.0050s}{10.0120s+1}e^{-1.0000s}$$

相应的模型准确度指标为相对最大误差百分数 J_1 = 4.8841%，相对均方差百分数 J_2 = 1.2312%。模型响应和实际响应的吻合曲线如图 3-12 所示。

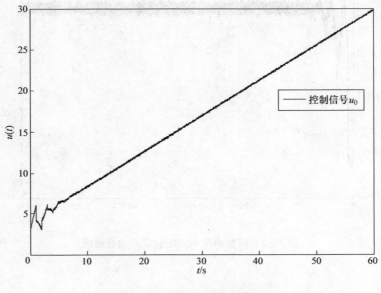

图 3-10　过程输入响应曲线

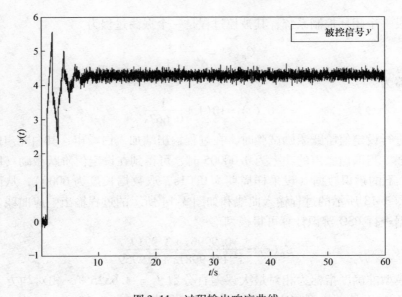

图 3-11　过程输出响应曲线

试验结果表明，基于智能优化算法的设定值阶跃激励闭环辨识可以准确辨识

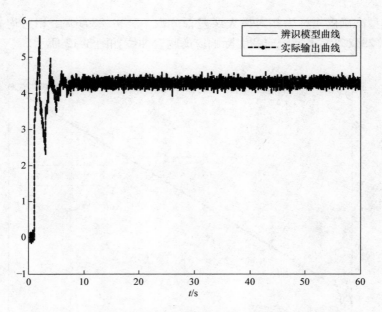

图 3-12　模型响应和实际响应的吻合曲线

微分过程。

3.5　振荡过程的闭环辨识

假设一个闭环控制系统，其被控过程是一个振荡过程为

$$G_p(s) = \frac{s+4}{s^2+s+2}$$

其控制器为

$$G_c(s) = 10(1 + \frac{1}{0.667s})$$

在进行设定值阶跃激励试验时，在过程输出端加入白噪声，其白噪声的功率逐渐增强。当取白噪声的功率为 0.00005 时，可得到在设定值阶跃激励（阶跃幅值取 5）下的辨识数据（设采样周期为 0.01s，取数据长度为 6000），从而可绘制出如图 3-13 所示的过程输入曲线和如图 3-14 所示的过程输出响应曲线。根据所得数据进行 PSO 辨识计算可得模型

$$\hat{G}_p(s) = \frac{0.9996s + 3.9919}{s^2 + 0.9981s + 1.9959}$$

相应的模型准确度指标为相对最大误差百分数 $J_1 = 4.6525\%$，相对均方差百分数 $J_2 = 1.1672\%$。模型响应和实际响应的吻合曲线如图 3-15 所示。

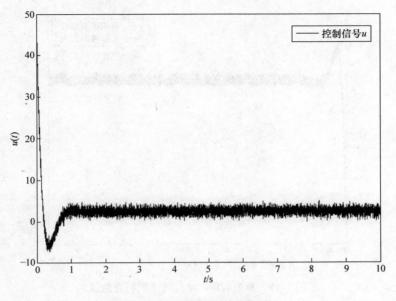

图 3-13　过程输入响应曲线

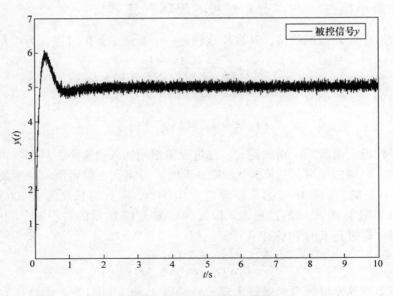

图 3-14　过程输出响应曲线

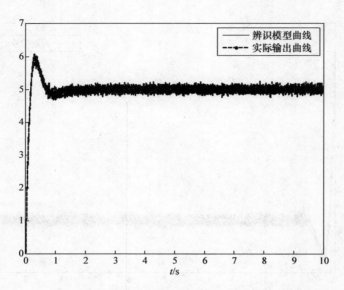

图 3-15　模型响应和实际响应的吻合曲线

试验结果表明，基于智能优化算法的设定值阶跃激励闭环辨识可以准确辨识振荡过程。

3.6　非最小相位（右零点）过程的闭环辨识

假设一个闭环控制系统，其被控过程是一个非最小相位过程，为

$$G_p(s) = \frac{0.25s - 1}{(0.5s + 1)(0.5s + 1)}$$

其控制器为

$$G_c(s) = -0.25\left(1 + \frac{1}{0.512s}\right)$$

在进行设定值阶跃激励试验时，在过程输出端加入白噪声，其白噪声的功率逐渐增强。当取白噪声的功率为 0.0000005 时，可得到在设定值阶跃激励（阶跃幅值取 5）下的辨识数据（设采样周期为 0.001s，取数据长度为 15000），从而可绘制出如图 3-16 所示的过程输入曲线和如图 3-17 所示的过程输出响应曲线。根据所得数据进行 PSO 辨识计算可得模型

$$\hat{G}_p(s) = \frac{0.2509s - 1}{(0.4775s + 1)(0.5211s + 1)}$$

相应的模型准确度指标为相对最大误差百分数 $J_1 = 1.6821\%$，相对均方差百分数 $J_2 = 0.4250\%$。模型响应和实际响应的吻合曲线如图 3-18 所示。

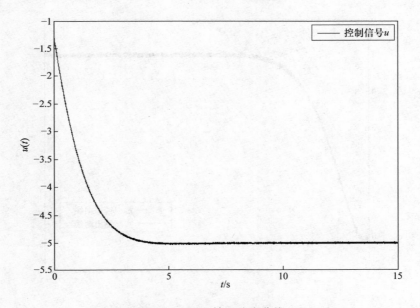

图 3-16　过程输入响应曲线

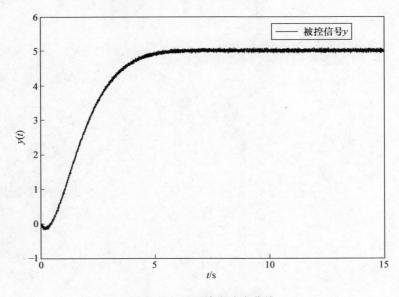

图 3-17　过程输出响应曲线

试验结果表明，基于智能优化算法的设定值阶跃激励闭环辨识可以准确辨识非最小相位过程。

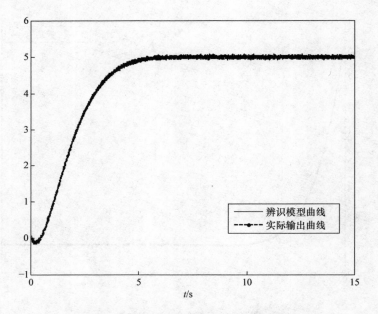

图 3-18　模型响应和实际响应的吻合曲线

第 4 章　闭环过程的设定值激励直接辨识技术

通过第 1 章的研究探讨可知，对于闭环控制系统被控过程的模型辨识包含 6 个要素：数据、模型、准则、优化、激励和过程；目前存在 5 个瓶颈问题是闭环辨识的可辨识性、辨识方案的选择、激励信号的选择、模型结构的选择和优化计算方法的选择。通过第 2 章的理论研究可知，对于闭环控制系统被控过程的模型辨识的 5 个瓶颈问题已经有了新的解答：闭环辨识的可辨识性本来就很强，不必多虑，闭环辨识方案选择直接法即可，激励信号选择设定值激励更简单易行，模型结构选择低阶简单模型并可用阶跃响应特征确定模型结构，优化计算方法选择智能优化方法具有更多的优越性。通过第 3 章的仿真试验可知，采用阶跃设定值激励、直接法闭环辨识和智能优化（粒子群算法）计算方法，闭环控制系统被控过程的模型辨识已能成功实现。几种常见类型的过程模型（大惯性、大时滞、积分、微分、振荡和非最小相位过程）都可以被准确辨识。本章将在前 3 章的基础上深入探讨采用设定值激励、直接法闭环辨识和智能优化（粒子群算法）计算方法的闭环控制系统被控过程的模型辨识实用工程技术。所谓实用工程技术，注重的是所用理论方法的工程实现和工程应用，所以关注的重点不再是理论方法的正确性，而是理论方法应用的可行性、简便性、有效性和可靠性。

4.1　设定值激励信号的类型选择和参数整定

在实际闭环辨识工程中，存在着激励信号如何施加，施加何种类型激励信号的问题。在传统的闭环辨识中，常见的激励信号是伪随机信号，但是实际的伪随机信号工程实施中，需要有伪随机信号发生器，并且需要专业的技术人员提供技术支持，还存在着激励强度不易调整的问题。因此，开发更简单并且激励强度更易把握的激励信号很有必要。

在过程控制中，常见两种控制系统：恒值控制系统和随动控制系统。恒值控制系统的设定值一般是固定不变的，而随动控制系统的设定值是经常变动的。这对于设定值激励的闭环辨识，所施加的激励信号具有不同的要求。对于恒值控制系统，所施加的激励信号应该选择单次激励类型。因为，按照生产要求预设的设定值要求固定不变，所以为辨识需要在原设定值上施加短期的激励信号后，应恢复到原设定值。对于随动控制系统，所施加的激励信号可以选择持续激励类型，特别是原先预定的设定值变动信号，可直接用作模型辨识的激励信号。第 3 章所论述的阶跃设定值激励下的模型辨识仿真试验结果表明了随动控制系统选用持续激励类型的激励信号的模型辨识的可行性。

对于恒值控制系统，应当选择何种单次激励类型的激励信号问题有待于深入考虑。最简单的是采用单次方波，通过控制单次方波的幅度和宽度（持续时间），可以控制激励信号的强度和能量。但是若想控制激励信号不造成过程输出和过程输入超过安全限值的影响，采用单次方波就难以做到了。因为一般的过程输入和输出都有高低限值，其对应的物理量不允许超过预设的高低限值。假设某过程输入量为某种调节阀开度，高限为100%，低限为0，若激励信号强度过大，将使控制器输出值触及高限或低限，这将使控制系统进入非线性工作区，这会影响到过程模型辨识的准确度。为此，对于激励信号的强度控制应该以不出现控制器输出值触及高限或低限情况为原则。另外，为了生产安全，一般都有针对设定值变化幅度和速度的要求，例如幅度不大于10%，速度不高于每单位时间某值。如果对设定值的速度有限制要求，那么采用方波激励就不合适了，可改用梯形波激励。激励信号的强度取决于激励信号的变化幅度、速度和持续时间，调整这些参数，使激励后的响应刚好做到不超幅度限值、不超速度限值，这样就能满足辨识有效又保障生产安全的双重要求。因此，对于恒值控制系统，推荐选择梯形波单次激励类型的激励信号。

梯形波信号函数可定义为

$$w(t) = \begin{cases} kt & 0 < t \leqslant a \\ ka & a < t \leqslant (a+b) \\ ka - k(t-a-b) & (a+b) < t \leqslant (2a+b) \end{cases} \tag{4-1}$$

式（4-1）中，a 为梯形波斜坡宽度；b 为梯形波波顶宽度；k 为梯形波斜坡坡度。

参数 a 与参数 k 的乘积为梯形波的幅度。$2a+b$ 为梯形波的持续时间。

梯形波信号图像一般如图4-1所示。

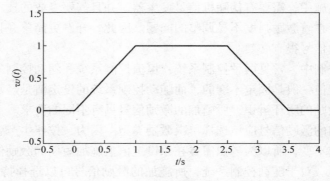

图4-1　梯形波信号

对于一般的恒值控制系统，由生产需要已经确定了固定的设定值，为过程模型辨识而施加的激励信号是在原设定值上叠加上去，如设

$$r(t) = r_0 + w(t) \tag{4-2}$$

式（4-2）中的 $w(t)$ 为辨识激励信号。

为了保障模型辨识时的生产安全和生产质量，以及确保模型辨识有效性和准确性，不妨设计恒值控制系统设定值激励信号的参数整定原则为：

1）设定值变化速度不超过预设的安全运行允许值。

2）控制量（过程输入）数值不超过预设的高低限值。

3）控制量（过程输入）波动幅度尽可能大。

4）被控量（过程输出）波动幅度在生产质量允许范围内。

5）被控量（过程输出）变化方向符合设备长寿命和生产安全的预期方向。

根据式（4-1）可知，辨识激励信号 $w(t)$ 有 3 个参数：a、b、k。这些参数的整定方法可按照上述 5 原则设计为：

1）参数 k 的整定。先确定参数 k 的符号。考虑辨识激励造成的被控量波动方向是否背离生产安全或设备长寿命的预期方向。若是，则参数 k 的符号取负号；若否，则 k 的符号取正号。例如，被控量为温度量，一般而言温度升高将不利于生产安全或设备长寿命。所以辨识激励若造成过程输出量的安全限值是高于设定值，即使辨识激励造成的温度升高，则 k 的符号取负号。其次，整定参数 k 的数值，可用试凑试验法进行，兼顾参数 a 和参数 b 的整定，逐次调整 k 的数值，观察试验结果是否符合整定 5 原则。

2）参数 a 的整定。假设参数 k 已经确定，参数 a 的确定取决于生产运行对设定值变化速度的限制许可，根据式（4-3）计算参数 a 的数值。例如，设定值的变化速度的限制许可是每次操作不能超过设定值满量程的 $x\%$，那么有

$$a = \frac{(x\%) \, r_{max}}{|k|} \times 100 \tag{4-3}$$

式（4-3）中，r_{max} 是设定值的满量程值。

3）参数 b 的整定。参数 b 决定了梯形波信号的持续时间，也就是梯形波信号的能量。参数 b 越大，则所激励出的被控量波动也越大。大波动的辨识数据有利于过程模型辨识准确度的提高，但是不利于生产安全或设备长寿命。因此，合适的参数 b 的数值将需要通过试凑试验来确定。

过程模型辨识的关键技术之一是激励信号的适度施加。从提高信噪比以提高过程模型辨识准确性的角度看，激励信号强度越大越好，但是过强的激励信号将带来过程输出的大幅波动，会降低生产运行质量，甚至危及生产安全。而过弱的激励信号将使被辨识过程的响应变化太小，以至于信噪比太低而导致辨识计算失败。因此需要解决激励信号的参数整定问题。适当地激励信号强度肯定与被辨识

过程的特性相关，所以适当地激励信号参数只能通过整定试验来确定。

4.2　智能优化算法辨识的算法参数和模型参数域整定

智能优化算法以粒子群算法为例。

较完整的粒子群算法可用式（4-4）至式（4-6）表示[37-39]。

$$v_{id}(k+1) = \omega \cdot v_{id}(k) + C_1 r_1 (p_{id} - x_{id}(k)) + C_2 r_2 (p_{gd} - x_{id}(k)) \quad (4-4)$$

$$x_{id}(k+1) = x_{id}(k) + v_{id}(k) \quad (4-5)$$

$$v_{id}(k) = \begin{cases} v_{\max,d} & v_{id}(k) > v_{\max,d} \\ v_{id}(k) & v_{\min,d} \leq v_{id}(k) \leq v_{\max,d} \\ v_{\min,d} & v_{id}(k) < v_{\min,d} \end{cases} \quad (4-6)$$

$$v_{\max,d} = x_{\min,d} + \alpha(x_{\max,d} - x_{\min,d}) \quad (4-7)$$

$$v_{\min,d} = -v_{\max,d} \quad (4-8)$$

其中，$x_{\max,d}$ 为粒子的最大位置；$x_{\min,d}$ 为粒子的最小位置；$v_{\max,d}$ 为粒子速度的高限值；$v_{\min,d}$ 为粒子速度的低限值；α 为速度钳制因子。

粒子群算法的参数有：

1）粒子数 N。

2）粒子种群数 m。

3）最大进化代数 G。

4）速度钳制因子 α。

5）惯性权重 ω。

6）个体学习因子 C_1。

7）社会学习因子 C_2。

关于以上粒子群算法参数的设置方法已有很多文献报道[40-44]。这里按照工程应用的简单实用原则归纳出，并通过一个实际案例验证。

一套实用的粒子群算法参数设置方法可归纳为：

1）粒子数 N 的设置：可根据需优化或辨识的模型参数数量设置

$$N = 需优化的参数数量 \quad (4-9)$$

2）粒子种群数 m 的设置：可依据粒子数 N 成倍设置，如

$$m = 20N \quad (4-10)$$

3）最大进化代数 G 的设置：可根据优化准确度的要求和粒子数 N 设置。准确度要求越高，G 越大；粒子数 N 越大，G 越大。G 的初值可在 $100 \sim 10000$ 内选择，然后视优化效果确定。

4）速度钳制因子 α 的设置：一般可在 $0.1 \sim 0.9$ 间选值。

5）惯性权重 ω 的设置：可选用固定权重法，一般可在 $0.1 \sim 0.9$ 间选值。

6）个体学习因子C_1的设置：可选用固定因子法，一般可在 0.3~4 间选值。

7）社会学习因子C_2的设置：可选用固定因子法，一般可在 0.3~4 间选值。

针对某电阻炉温度闭环控制系统的案例，假设待辨识过程的实际模型为

$$G(s) = \frac{K(T_4 s + 1)}{(T_1 s + 1)(T_2 s + 1)(T_3 s + 1)} = \frac{895(90s + 1)}{(2s + 1)(45s + 1)(230s + 1)}$$

假设控制器的模型为

$$G_c(s) = 0.025\left(1 + \frac{1}{20s} + \frac{5s}{0.5s + 1}\right)$$

可进行一系列设定值阶跃激励闭环辨识仿真试验。除了粒子数 N 选定为 $N = 5$ 外，分别变动 5 个粒子群算法参数进行试验研究，可获得如下所述的研究结果。

采用单因素实验法进行试验，即当一个参数变动时，其他参数保持不变。默认的参数设置为 $N = 5$、$m = 50$、$G = 200$、$\alpha = 0.9$、$\omega = 0.8$、$C_1 = 2$、$C_2 = 2$。默认的模型参数域设置为 K：[0 1500]、T_1：[0 30]、T_2：[0 100]、T_3：[0 400]、T_4：[0 180]。还有，采样周期为 0.01，辨识数据长度为 10000。

（1）粒子种群数 m 设置优选试验

优选试验结果见表 4-1。显然，模型辨识的准确度与粒子种群数 m 的数值基本成正比，m 的数值越大，则模型辨识的准确度越高。当然，优化计算的计算量也与粒子种群数 m 的数值成正比。可发现，粒子种群数 m 的数值超过 50 后，模型辨识的准确度提高的相对量有所降低。所以 m 的数值设置过大也无用。

表 4-1　粒子种群数 m 优选试验结果

粒子种群数 m	10	30	50	100	200
相对最大误差百分数（%）	13.6617	4.2825	0.2822	0.0421	0.0848
相对均方差百分数（%）	2.8468	1.0852	0.0791	0.0252	0.0245

（2）最大进化代数 G 设置优选试验

优选试验结果见表 4-2。显然，模型辨识的准确度与最大进化代数 G 的数值基本成正比，G 的数值越大，则模型辨识的准确度越高。

表 4-2　最大进化代数 G 优选试验结果

最大进化代数 G	50	100	200	400	800
相对最大误差百分数（%）	4.1900	2.8582	1.7588	0.1508	0.0332
相对均方差百分数（%）	0.8750	0.6407	0.7765	0.0844	0.0131

（3）速度钳制因子 α 设置优选试验

优选试验结果见表 4-3。显然，模型辨识的准确度在速度钳制因子 α 的数值为 0.3 处最高，比 0.3 大时准确度降低，而比 0.3 小时准确度也降低。速度钳制

因子 α 的作用是通过控制每步优化的步长限幅值控制优化的探索速度。太大步幅探索虽可获得快的探索速度但易于发散，太小的步幅探索虽可获得细致的探索但可能优化速度太慢。

表 4-3 速度钳制因子 α 优选试验结果

速度钳制因子 α	0.1	0.3	0.5	0.7	0.9
相对最大误差百分数（％）	0.1210	0.0550	0.4484	0.5532	0.9960
相对均方差百分数（％）	0.0365	0.0223	0.1679	0.2386	0.3322

（4）惯性权重 ω 设置优选试验

优选试验结果见表 4-4。显然，模型辨识的准确度在惯性权重 ω 的数值为 0.7 处最高，比 0.7 大时准确度降低，而比 0.7 小时准确度也降低。

表 4-4 惯性权重 ω 优选试验结果

惯性权重 ω	0.1	0.3	0.5	0.7	0.9
相对最大误差百分数（％）	0.1172	0.1096	1.0509	0.0756	1.0504
相对均方差百分数（％）	0.0467	0.0437	0.3838	0.0299	0.4479

（5）个体学习因子 C_1 设置优选试验

优选试验结果见表 4-5。显然，模型辨识的准确度在个体学习因子 C_1 的数值为 1.5 处最高，比 1.5 大时准确度降低，而比 1.5 小时准确度也降低。

表 4-5 个体学习因子 C_1 优选试验结果

个体学习因子 C_1	0.5	1.0	1.5	2	3
相对最大误差百分数（％）	0.7598	0.1340	0.0632	0.5160	6.5414
相对均方差百分数（％）	0.3159	0.0547	0.0224	0.2250	1.9580

（6）社会学习因子 C_2 设置优选试验

优选试验结果见表 4-6。显然，模型辨识的准确度在社会学习因子 C_2 的数值为 1.0 处最高，比 1.0 大时准确度降低，而比 1.0 小时准确度也降低。

表 4-6 社会学习因子 C_2 优选试验结果

社会学习因子 C_2	0.5	1.0	1.5	2.0	3.0
相对最大误差百分数（％）	0.0805	0.0415	0.0555	0.2030	6.8321
相对均方差百分数（％）	0.0251	0.0163	0.0195	0.0753	1.6586

（7）粒子群算法参数综合优选试验

综合上述优选结果，取参数设置为 $N=5$、$m=50$、$G=300$、$\alpha=0.3$、$\omega=0.7$、$C_1=1.5$、$C_2=1.0$，可得模型辨识的准确度指标相对最大误差百分数为 0.00025216％，相对均方差百分数为 0.000054439％。而用默认的参数设置时，相对最大误差百分数为 1.3028% 、相对均方差百分数为 0.3997% 。显然用优化后的参数大大提高了模型辨识的准确度。

（8）模型参数域优化试验

默认的模型参数域设置为 K：$[0\ 1500]$ 、 T_1：$[0\ 30]$ 、 T_2：$[0\ 100]$ 、 T_3： $[0\ 400]$ 、 T_4：$[0\ 180]$ 。

若将该模型参数域扩大 10 倍，即 K：$[0\ 15000]$ 、 T_1：$[0\ 300]$ 、 T_2：$[0\ 1000]$ 、 T_3：$[0\ 4000]$ 、 T_4：$[0\ 1800]$ ，则辨识出另一个相似模型：$K=2273.6$ 、 $T_1=1.9$ 、 $T_2=62.6$ 、 $T_3=1673.2$ 、 $T_4=350.3$ ；模型辨识的准确度指标相对最大误差百分数为 1.2641% ，相对均方差百分数为 0.3827% 。

若将该模型参数域缩小为 1/10 ，即 K：$[0\ 150]$ 、 T_1：$[0\ 3]$ 、 T_2：$[0\ 10]$ 、 T_3： $[0\ 40]$ 、 T_4：$[0\ 18]$ ，则辨识出一个错误模型：$K=149.9$ 、 $T_1=0.9587$ 、 $T_2=8.5860$ 、 $T_3=15.3184$ 、 $T_4=2.8751$ ；模型辨识的准确度指标相对最大误差百分数为 50.8161% ，相对均方差百分数为 41.004% 。以上试验均在参数设置为 $N=5$ 、 $m=50$ 、 $G=300$ 、 $\alpha=0.3$ 、 $\omega=0.7$ 、 $C_1=1.5$ 、 $C_2=1.0$ 的条件下进行。

模型参数域优化试验结果表明，所设置的模型参数域若太宽，虽然包含了模型期待解，但是还可能包含不期待的近似解；所设置的模型参数域若太窄，就可能不包含模型期待解，导致解出错误模型。因此，模型参数域的设置需要根据先验知识初设，再根据辨识结果多次试凑后确定。

（9）有噪声时的算法参数和模型参数域的优化试验

实际模型辨识时，只有含噪声的数据可用。而以上的优化试验都是在无噪声的条件下完成的。所以有必要确定在有噪声时所得的优化参数是否仍然有效。为此，进行了如下的对比试验。

分别进行两组有无噪声的模型辨识试验。第一组用已优化的参数，即 $N=5$ 、 $m=50$ 、 $G=300$ 、 $\alpha=0.3$ 、 $\omega=0.7$ 、 $C_1=1.5$ 、 $C_2=1.0$ 。第二组用上述的默认参数，即 $N=5$ 、 $m=50$ 、 $G=200$ 、 $\alpha=0.9$ 、 $\omega=0.8$ 、 $C_1=2$ 、 $C_2=2$ 。而模型参数域仍用默认的设置为 K：$[0\ 1500]$ 、 T_1：$[0\ 30]$ 、 T_2：$[0\ 100]$ 、 T_3：$[0\ 400]$ 、 T_4： $[0\ 180]$ 。做有噪声的试验时，噪声功率为 0.1 。试验结果见表 4-7，可见在有噪声的条件下，用已优化的参数辨识比用默认参数辨识要准确得多；而在无噪声时更是准确得多。

表 4-7　有噪声时的优化参数有效性试验的结果

试验条件/参数真值	$K=895$	$T_1=2$	$T_2=45$	$T_3=230$	$T_4=90$	相对均方差百分数%
用优化参数，无噪声	895.08	2.000	45.0028	230.05	90.02	0.000054439
用优化参数，有噪声	912.6	2.0	45.64	242.0	94.2	0.3401
用默认参数，无噪声	778.72	1.923	60.96	230.99	137.1	0.5169
用默认参数，有噪声	617.9	1.87	81.01	93.27	90.9	0.9655

4.3 闭环过程设定值激励直接辨识技术

闭环辨识方法几乎与开环辨识方法同时提出，并且已经经过了多年的研究发展。闭环辨识方法被认为是更适合工程应用的方法，因为它可以在不中断生产的条件下实施，并且更容易保证生产安全。但是闭环辨识方法在工程应用中的实践表明闭环辨识方法还远未成熟，许多工程实践问题悬而未决，致使闭环辨识方法的实际工程应用效果远远低于众多科技文献中报道的那样完美，诸如离散时间模型辨识的方法问题、伪随机信号的施加问题、可测和不可测的扰动问题以及控制器的切换问题等。这些问题单独看都不算大，但组合起来就有可能形成闭环辨识方法工程应用上的大障碍。因此，除了进一步完善闭环辨识理论方法以外，精心设计和提炼并集成一套切实可行的闭环辨识工程应用实用技术也是非常需要的。下面阐述的闭环过程设定值激励直接辨识技术正是这种探索和尝试。

辨识理论是从离散时间模型辨识开始的，或许是因为离散时间模型更容易用计算机来解算和处理。可以认为，传统的辨识理论是以离散时间模型和最小二乘优化算法为基础。但是，大部分真实物理或化学的实际过程都是连续时间的，即便用传统辨识获得被辨识过程的离散时间模型，也常需要转换成连续时间模型来用，这种由离散模型到连续模型的转换必然存在转换误差。此外，最小二乘优化算法的应用也有严苛的条件，如被辨识系统的辨识计算逆矩阵必须存在，当其逆矩阵不存在时辨识计算就不得不终止。因此，选用连续时间模型，并且选用无严苛使用条件的现代智能优化算法进行辨识计算，应该是辨识理论进化的结果，也是现代辨识理论的发展成果。可以说，所提出的闭环过程设定值激励直接辨识技术具有选用连续时间模型和选用现代智能优化算法进行辨识计算的技术特征。归纳起来，所提出的闭环过程设定值激励直接辨识技术将具有下述的 9 项技术特征。

1）采用过程控制中连续时间模型——传递函数模型为被辨识过程模型。

2）采用简单易行的设定值激励信号实施闭环辨识激励。对于恒值控制系统，采用梯形波设定值激励信号。对于随动控制系统，采用阶跃设定值激励信号或利用常用的随动控制设定值信号。对于设定值激励信号的参数整定，应确保生产安全的前提下使模型辨识准确、有效地进行。

3）根据预设的单回路闭环控制系统调整时间自动设置辨识数据的采样周期和数据长度，并自动采集被辨识过程的输入输出响应数据。确保辨识数据的采样周期选择和数据长度选择值在优化经验值区间，是确保辨识成功的关键保障措施之一。

4）根据被辨识过程的先验知识，预选模型结构和初定模型参数域优化范围。

5）采用现代智能优化计算方法进行过程模型辨识计算。当采用 PSO 智能优化算法时，可利用第 4.2 节研究出的算法参数整定技术确定算法参数。

6）根据模型先验知识和实际辨识数据，对已辨识得到的过程模型进行模型准确度指标计算，可依据第 2.1 节的方法计算各项模型准确度指标。

7）根据已算得的模型准确度指标，全面地评估辨识出的过程模型准确性和有效性。过程模型的准确性可用各项模型准确度指标和有效性的数值评价，过程模型的有效性则需要制定一些类似合格性的界限确定。例如，设定相对最大误差百分数的合格线为 10%，相对均方差百分数的合格线为 8%，则当所考察模型的相对最大误差百分数和相对均方差百分数的数值都低于相应合格线标准时，可判定所辨识的模型有效。

8）所采用的闭环辨识方法属于闭环辨识直接法。该方法已被证实切实有效，并且不必顾虑传统的闭环可辨识条件，诸如所谓控制器阶数必须比被控过程阶数高，控制器含有被控过程的公因子等条件。

9）非零初始条件下的模型辨识技术。在仿真试验和实验室试验中容易实现的零初始条件在实际工程环境中往往无法实现，所以应用非零初始条件下的模型辨识技术非常必要。在非零初始条件下，被辨识过程的状态变量初始值将不为零，因此非零初始条件下模型辨识的关键是将被辨识过程的状态变量初始值也当作模型参数来辨识。

4.4　闭环过程设定值激励直接辨识技术的仿真试验

下面结合具体仿真试验案例说明闭环过程设定值激励直接辨识技术的实施方法。

以热电偶自动检定炉炉温控制为例（已知时间单位为 min）。假设被控过程模型为

$$G_1(s) = \frac{K_1(T_4 s + 1)}{(T_1 s + 1)(T_2 s + 1)(T_3 s + 1)} = \frac{895(90s + 1)}{(2s + 1)(45s + 1)(230s + 1)}$$

假设控制器模型为

$$G_c(s) = 0.025\left(1 + \frac{1}{20s} + \frac{5s}{0.5s + 1}\right)$$

已知该控制系统的调整时间为

$$t_s = 30$$

辨识数据的采样周期和数据长度可选择为

$$T_s = \frac{t_s}{k_s} = \frac{30}{3000} = 0.01$$

$$N_L = \text{INT}\left(\frac{k_N t_s}{T_s}\right) = \text{INT}\left(\frac{3.3 \times 30}{0.01}\right) = 9900$$

PSO 算法参数选择为 $N = 5$、$m = 50$、$G = 300$、$\alpha = 0.3$、$\omega = 0.7$、$C_1 = 1.5$、$C_2 = 1.0$。

选择被辨识的过程模型结构如同所设，并且模型参数域设置为 K：$[0\ 1500]$、T_1：$[0\ 30]$、T_2：$[0\ 100]$、T_3：$[0\ 400]$、T_4：$[0\ 180]$。

分别进行阶跃设定值激励试验和梯形波设定值激励试验。

（1）阶跃设定值激励试验

在零初始条件下，施加幅值为 600 的阶跃设定值激励信号，在过程输出端加入白噪声，白噪声的功率为 0.1。根据获得的辨识数据可绘制出如图 4-2 所示的过程输入响应曲线和如图 4-3 所示的过程输出响应曲线。根据所得数据进行 PSO 辨识计算可得模型

$$\hat{G}_p(s) = \frac{912.6(94.2s + 1)}{(2.00s + 1)(45.64s + 1)(242.0s + 1)}$$

相应的模型准确度指标为相对最大误差百分数 $J_1 = 1.3309\%$，相对均方差百分数 $J_2 = 0.3401\%$。模型响应和实际响应的吻合曲线如图 4-4 所示。试验结果表明，该模型是辨识有效的并且具有较高的准确度。

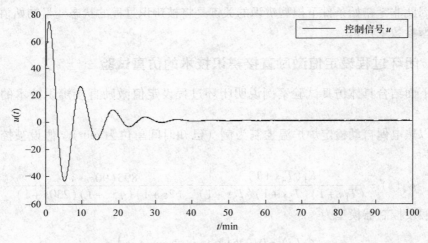

图 4-2　过程输入响应曲线

（2）梯形波设定值激励试验

首先，根据第 4.1 节所述的方法整定梯形波设定值信号的参数为 $a = 50$、$b = 300$、$k = 0.3$。

其次，确定梯形波设定值信号施加的时刻。因为在梯形波设定值激励试验中，零初始条件是不能绝对保证的，因此梯形波设定值激励辨识数据的起点时刻选择成为一个关键因素，下面两项试验将能说明这个问题。此外，在辨识计算前都对采集的过程输入和输出数据做了与初态值相减的处理。为了避免分析噪声带

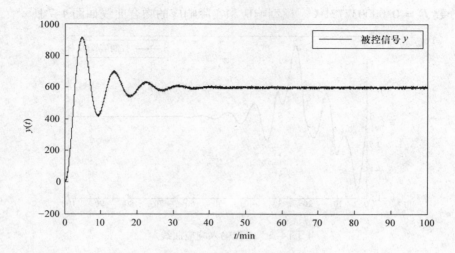

图 4-3 过程输出响应曲线

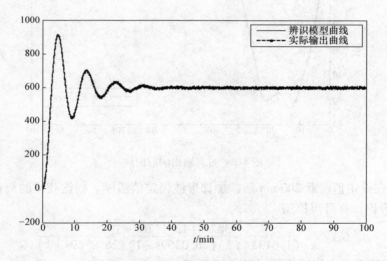

图 4-4 模型响应和实际响应的吻合曲线

来的负面影响,以下的试验在无噪声条件下进行。

1) 在设定值阶跃 900min 后,加梯形波设定值激励。根据获得的辨识数据可绘制出如图 4-5 所示的过程输入响应曲线和如图 4-6 所示的过程输出响应曲线。根据所得数据进行 PSO 辨识计算可得模型

$$\hat{G}_p(s) = \frac{894.1711(89.8538s + 1)}{(2.0000s + 1)(44.9836s + 1)(229.4965s + 1)}$$

相应的模型准确度指标为相对最大误差百分数 $J_1 = 0.00011926\%$,相对均方差

百分数 $J_2 = 0.000037721\%$。模型响应和实际响应的吻合曲线如图 4-7 所示。

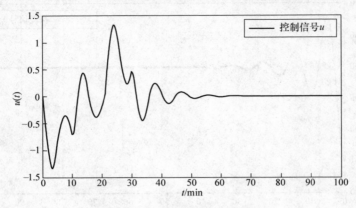

图 4-5 过程输入响应曲线

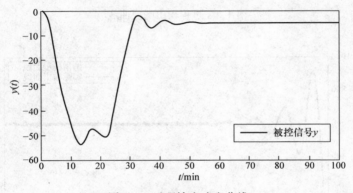

图 4-6 过程输出响应曲线

2）在设定值阶跃 200min 后，加梯形波设定值激励。根据获得的辨识数据进行 PSO 辨识计算可得模型

$$\hat{G}_p(s) = \frac{362.4(13.1176s + 1)}{(1.6132s + 1)(26.0369s + 1)(26.0369s + 1)}$$

相应的模型准确度指标为相对最大误差百分数 $J_1 = 7.7502\%$，相对均方差百分数 $J_2 = 2.7622\%$。模型响应和实际响应的吻合曲线如图 4-8 所示，与上一个试验相比，后半部分的曲线明显不吻合。

综合分析上两项试验结果，可见在设定值阶跃 900min 后，加梯形波设定值激励得到的模型是准确的和有效的；在设定值阶跃 200min 后，加梯形波设定值激励得到的模型是不准确的，其模型增益值偏低了很多，模型时间常数值也普遍偏小。显然，造成辨识不准确的主要原因是模型辨识时存在非零初始状态。

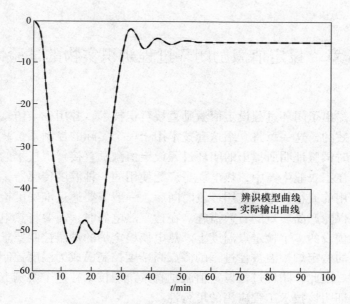

图 4-7　模型响应和实际响应的吻合曲线

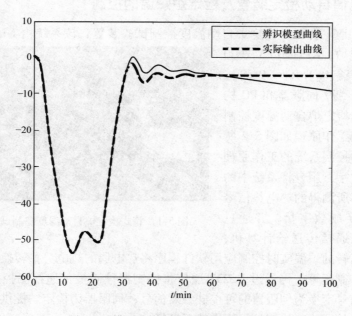

图 4-8　模型响应和实际响应的吻合曲线

第 5 章　设定值激励闭环过程辨识实物的试验案例

上一章提出了闭环过程设定值激励直接辨识技术，并用一个仿真试验案例证明是切实有效的，这一章将介绍这套技术用于一个实际的控制系统装置，通过实际装置的实时试验证明所提出的闭环过程设定值激励直接辨识技术的可行性。

目前，在工农业生产中，热电偶是广泛使用的一种温度传感器，新的热电偶投入生产应用前或在热电偶使用一段时间后，一般需要通过准确度检定确认其合格性，这是保障产品质量的有效措施。在检定热电偶时，需要将热电偶检定炉的炉温恒定在预设的多个检定点温度上。热电偶检定炉的炉温控制要求较高，具有大惯性特征的检定炉炉温被控过程的多点高精度控制已成为温度控制中一个公认的难控案例。因此，闭环过程设定值激励直接辨识技术在这个案例上的成功应用将更有效地证明该技术工程应用的可行性。

5.1　热电偶自动检定装置及检定炉炉温的控制

图 5-1 是一套管式检定炉自动温度控制试验装置，该系统由 GL－3 型热电偶卧式检定炉、KEITHLEY 2000 数字万用表、VST. R－99 测控仪、VST. R－99 伺服器和 PC 构成。该管式检定炉自动温度控制试验装置的工作原理如图 5-2 所示。该实时控制系统的工作原理可简述为数字万用表将系统中的控温热电偶所测得的热电势信号模拟量转换成数字量，并通过RS232 接口通信传送给计算机；

图 5-1　管式检定炉自动温度控制试验装置

计算机中运转的炉温实时控制应用软件程序将热电偶的热电势量转换成温度量并进行 PID 控制运算，再通过 RS232 通信将控制器控制量传递给测控仪；测控仪将控制量信号变换为伺服器的可控硅触发信号；伺服器为检定炉提供相应的加热功率电流，从而改变检定炉炉管内的温度场。

在检定炉实时温度控制试验系统中，计算机中运行的实时监控软件程序主要包括 3 部分：测温元件自动检定软件程序、PID 实时控制程序和设定值激励闭环辨识程序。其中所用的测温元件自动检定软件程序是成熟的商用软件——

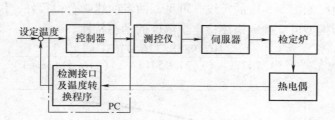

图 5-2　管式检定炉自动温度控制试验装置的工作原理

LK3000 测温元件自动检定软件。LK3000 测温元件自动检定软件的主要功能是测温元件的信息录入、检定过程的参数设定、炉温实时控制、测温元件检定数据检测与记录以及检定数据的处理与结果展示。

　　LK3000 测温元件自动检定软件的炉温实时控制功能依靠自带的后台运行实时控制程序来实现。为了实现检定炉炉温模型辨识和炉温的实时控制，后台运行的实时控制程序包括专门设计的 PID 实时控制程序和设定值激励闭环辨识程序。这个实时程序的生成是利用了 MATLAB 软件及其中的 deploytool 开发工具。

　　MALTAB 的 deploytool 可以将 MATLAB 的工程编译成所需的类型，例如一般的 Windows 应用程序、MATLAB for . NET/COM、MATLAB for Java、MATLAB for Excel 等。其原理就是先使用 MCC 编译器，根据编写的 m 文件生成相应的 C 语言文件以及数据文件，然后再调用 C/C++ 编译器编译成可执行文件或控件库。利用 deploytool 工具可将所设计的 MATLAB 类的 m 文件生成 exe 应用程序。

5.2　检定炉炉温过程数学模型

　　检定炉炉温过程数学模型可用实验建模法建立，根据参考文献［45］，检定炉炉温过程数学模型用单容时滞模型描述并不准确，而用带有超前因子的三容模型来描述更为恰当。因此，选定检定炉炉温过程数学模型如式（5-1）所示。可见该模型的阶数为 3，模型参数有 5 个。

$$G(s) = \frac{K_1(T_4 s + 1)}{(T_1 s + 1)(T_2 s + 1)(T_3 s + 1)} \tag{5-1}$$

　　根据实际的检定炉炉温过程阶跃响应试验数据［阶跃幅值为 2.5/V，其响应曲线（见图 5-3）中的虚线］，利用第 4 章给出的粒子群算法和优化参数（PSO 算法参数选择为 $N = 5$、$m = 50$、$G = 300$、$\alpha = 0.3$、$\omega = 0.7$、$C_1 = 1.5$、$C_2 = 1.0$；模型参数域设置为 K:［0 1500］、T_1:［0 30］、T_2:［0 100］、T_3:［0 400］、T_4:［0 180］）可以辨识出 GL-3 型热电偶卧式检定炉的炉温过程模型如式（5-2）所示。相应的模型准确度指标为相对最大误差百分数 $J_1 = 1.3490\%$，相对方均根误差百分数 $J_2 = 0.2943\%$。模型响应和实际响应的吻合曲线如图 5-3 所示，该模型的响应曲线如图 5-3 中的实线。可见，两者曲线吻合得很好，说明用带有超前因子的三容模型可准确地描述检定炉温度的动态特性。

$$G(s) = \frac{197.9858(116.0363s+1)}{(1.7477s+1)(21.9541s+1)(216.5111s+1)} \qquad (5-2)$$

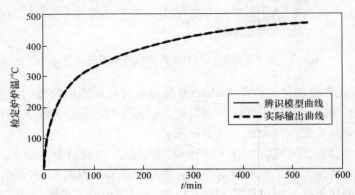

图 5-3　检定炉模型与实际过程阶跃响应的曲线对比

5.3　检定炉炉温过程模型的闭环辨识试验

将闭环过程设定值激励直接辨识技术应用于上述管式检定炉自动温度控制试验装置，完成检定炉炉温模型的闭环辨识试验，可详述如下：

1）炉温模型结构的选择。根据第 5.2 节的陈述，选择检定炉炉温模型的结构如式（5-1）所示，即为带有超前因子的三容模型。

2）设定值激励信号的选择。因为检定炉炉温控制系统既是恒值控制系统又是随动控制系统，所以设定值激励信号同时选用两种：阶跃波和梯形波。先加阶跃波激励，待炉温稳定时再加梯形波激励，阶跃波激励幅值取 400℃，这是实际检定炉温度控制常设的检定点，梯形波激励信号参数经实际试验整定后取值见表 5-1。

表 5-1　梯形波信号参数

坡度 k/s	斜坡宽度 a/s	梯形波波顶宽度 b/s
0.1	100	900

3）粒子群算法参数的选取。根据第 4 章的研究，粒子群算法参数选取为 $N=5$、$m=50$、$G=300$、$\alpha=0.3$、$\omega=0.7$、$C_1=1.5$、$C_2=1.0$（零初始条件模型辨识时），或 $N=8$、$m=300$、$G=1200$、$\alpha=0.3$、$\omega=0.7$、$C_1=1.5$、$C_2=1.0$（非零初始条件模型辨识时）。

4）模型参数域的设置。零初始条件模型辨识时，模型参数域设置为

K：$[\,0\ 1500\,]$、T_1：$[\,0\ 30\,]$、T_2：$[\,0\ 100\,]$、T_3：$[\,0\ 400\,]$、T_4：$[\,0\ 180\,]$。非零初始条件模型辨识时，K：$[\,10\ 1000\,]$、T_1：$[\,0\ 5\,]$、T_2：$[\,0\ 100\,]$、T_3：$[\,0\ 200\,]$、T_4：$[\,0\ 100\,]$、x_1：$[\,0\ 30000\,]$、x_2：$[\,0\ 50\,]$、x_3：$[\,-0.8\ 5\,]$。

5）数据采集参数设置。根据已采用的实际温度控制周期，选择闭环辨识采样间隔为$T_s = 5.0\mathrm{s}$。由于实测闭环控制的调整时间为$t_s = 1000\mathrm{s}$，所以数据长度选取至少在 400 以上。

6）实时 PID 控制器参数的设置。做闭环辨识试验时，PID 控制器的参数设置见表 5-2。

表 5-2　PID 控制参数

K_p（比例系数）	T_i（积分时间）/s	T_d（微分时间）/s
0.1	306	40

7）辨识模型试验。在管式检定炉自动温度控制试验装置进行的辨识模型试验结果如图 5-4 所示。可见，这是一个阶跃设定值激励和梯形波激励的组合试验，前 60min 是阶跃设定值激励辨识试验，后 40min 是梯形波激励辨识试验。

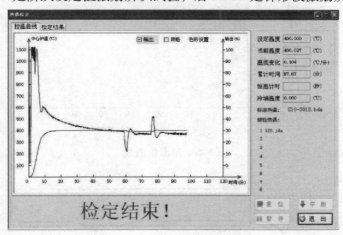

图 5-4　阶跃设定值激励和梯形波激励的组合试验曲线

8）阶跃设定值激励辨识的模型计算。取被辨识过程的输入数据如图 5-5 所示，取被辨识过程的输出数据如图 5-6 所示。选择检定炉炉温模型的结构如带有超前因子的三容模型，按阶跃波激励辨识方法辨识模型。利用前述的粒子群算法和优化参数及模型参数域设置，可以辨识算出检定炉的炉温过程模型如式（5-3）所示。相应的模型准确度指标为相对最大误差百分数 $J_1 = 2.0021\%$，相对均方差百分数 $J_2 = 0.4921\%$。检定炉温模型响应和实际过程响应的吻合曲线如图 5-7 所示，可见两条曲线已重叠在一起。这说明按阶跃波激励辨识方法辨识出的模型可准确地描述检定炉温度的动态特性。

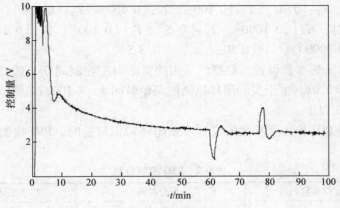

图 5-5　控制量曲线

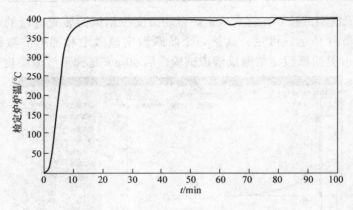

图 5-6　输出量曲线

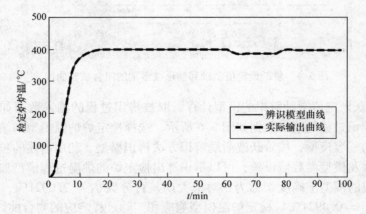

图 5-7　检定炉模型响应与实际过程响应曲线的对比

114

$$\hat{G}(s) = \frac{157.8657(19.9766s + 1)}{(1.9969s + 1)(5.8386s + 1)(48.2050s + 1)} \qquad (5-3)$$

9) 梯形波激励辨识试验的零初始条件模型计算。取被辨识过程的输入数据如图 5-8 所示，取被辨识过程的输出数据如图 5-9 所示。选择检定炉炉温模型的结构如带有超前因子的三容模型，按梯形波激励辨识方法来辨识模型，即考虑试验中后 40min 的过程输入和输出的相对变化量，且假定是零初始条件。利用前述的粒子群算法和优化参数及模型参数域的设置，可以辨识算出检定炉的炉温过程模型如式（5-4）所示。相应的模型准确度指标为相对最大误差百分数 J_1 = 28.9362%，相对均方差百分数 J_2 = 11.4324%。模型响应和实际响应的吻合曲线如图 5-10 所示，可见两条曲线明显不吻合。说明按零初始条件辨识是有较大的误差的。

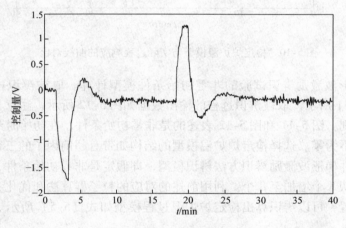

图 5-8　控制量曲线

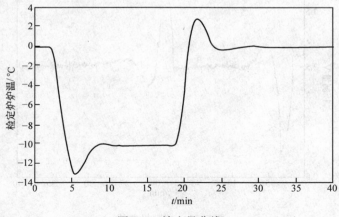

图 5-9　输出量曲线

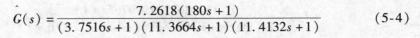

$$\hat{G}(s) = \frac{7.2618(180s+1)}{(3.7516s+1)(11.3664s+1)(11.4132s+1)} \qquad (5-4)$$

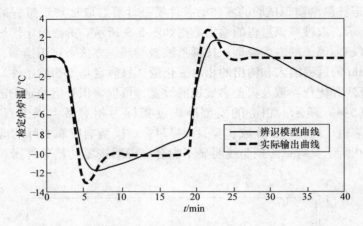

图 5-10　检定炉炉温模型与实际过程响应的曲线对比

10）梯形波激励辨识试验的非零初始条件模型计算。取被辨识过程的输入数据如图 5-11 所示，取被辨识过程的输出数据如图 5-12 所示，注意与图 5-8 和图 5-9 的区别。图 5-11 和图 5-12 表述的是非零初始条件，在初始时刻的过程输入和输出都不为零。选择检定炉炉温模型的结构如带有超前因子的三容模型。按非零初始条件梯形波激励辨识方法辨识模型，即假定是非零初始条件，被辨识的模型参数，从 5 个增加至 8 个。利用前述的对应的粒子群算法和优化参数及模型参数域的设置，可以辨识算出检定炉炉温过程模型如式（5-5）所示。初始时刻

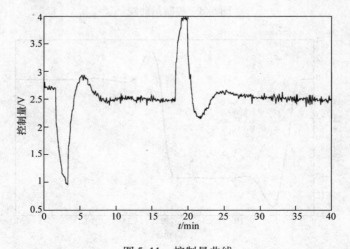

图 5-11　控制量曲线

的状态变量值为$x_1 = 2991.5$、$x_2 = 9.3$、$x_3 = 0.2$ 相应的模型准确度指标为相对最大误差百分数 $J_1 = 9.0351\%$，相对均方差百分数 $J_2 = 2.8110\%$。模型响应和实际响应的吻合曲线如图 5-13 所示，可见两条曲线已较好吻合。这说明按非零初始条件辨识是有效的。

$$\hat{G}_p(s) = \frac{168.8(43.8s+1)}{(1.4s+1)(9.2s+1)(113.3s+1)} \tag{5-5}$$

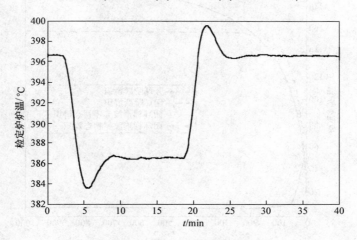

图 5-12　输出量曲线

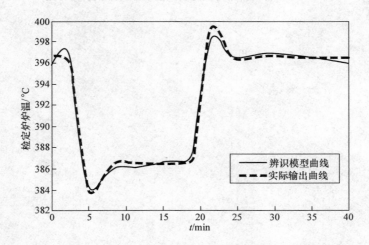

图 5-13　检定炉炉温模型与实际过程响应曲线对比

11）4 种辨识模型的比较。将上述 4 种辨识所得检定炉模型的阶跃响应做出并绘制在一张响应曲线图中，如图 5-14 所示。可见除了闭环梯形波激励辨识在零初态条件下算出的模型明显不对以外，其他几种模型都基本正确，可用于控制器的整定。这个对比图还可以说明，闭环阶跃激励辨识在检定炉初始温度在环境温度时是可满足零初态的假定条件的。还有闭环梯形波激励辨识时用针对非零初态的状态变量初值辨识方法是切实可行的。

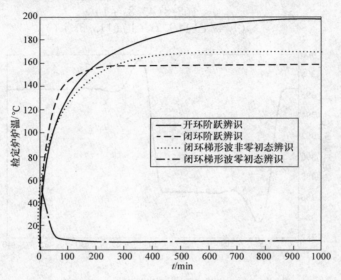

图 5-14   4 种辨识所得检定炉炉温模型的阶跃响应对比

第6章 结论与展望

6.1 结论

综上所述，关于闭环过程辨识理论及应用主题的研究结果可以归纳为 8 个创新要点：

1）提出了辨识概念的六要素定义。

2）提出了模型辨识准确度计算与评价方法。

3）提出了基于阶跃响应特征的过程模型结构初步确定方法。

4）提出了闭环辨识理论的几个新观点（闭环过程的可辨识性并非过去认识的那么差；直接辨识方案应当是首选的闭环辨识方案；设定值激励简单实用又可保障安全；非零初态是以往实际辨识失败的主要原因之一；有扰动通道的被控过程模型辨识问题是多变量模型辨识问题；模型辨识激励信号的选用关键在于强度足够高、能量足够大和频谱与被辨识过程相匹配）。

5）提出了不稳定过程的闭环辨识方法。

6）提出了有色噪声背景下的闭环辨识方法。

7）提出了一整套基于智能优化算法的设定值激励过程直接辨识工程技术。

8）通过热电偶检定炉炉温控装置的过程模型辨识实物试验验证了所提出的部分新理论和新技术的有效性。

6.1.1 辨识的六要素定义

辨识概念可定义为六要素：数据、模型、准则、优化、激励和过程。辨识之含义，用一句话可概括为根据激励被辨识过程得到的响应数据，按照预设的等价准则，通过优化计算得到与被辨识过程特性等价的模型。

与过去的三要素定义相比，六要素定义新列出了"优化、激励和过程" 3 个要素，这 3 个要素在辨识过程中也是不可或缺的。辨识新理论的提出，许多都包含这 3 个要素。例如，本书提出的设定值激励新方法是含有"激励"要素的；所提出的过程模型结构初步确定方法是含有"过程"要素的。

因为辨识的实质是使模型与过程等价，所以只看模型不顾过程是说不过去的。为了得到有效的，或者说含有过程信息的数据，就不能不注意激励信号的强弱和内涵。零激励下采样到的数据，不含任何过程信息，这样的数据得到再多，对辨识也是无用的。还有就是优化方法有时成为辨识成败的关键，过去的最小二乘法，用起来限制很多，一个逆阵不存在，模型就算不出来了。而用现代的任一种智能优化算法，优化效率高和适用范围宽。可以断定，现代辨识技术的进步离不开现代智能优化技术的进步。

6.1.2 模型辨识准确度的计算和评价

模型辨识是否成功取决于模型辨识的准确度。模型辨识准确度的概念可以定义为被辨识过程和辨识所得模型之间的特性等价程度。迄今为止尚未出现一种被普遍认可的用于模型辨识的检验标准，这里提出两类模型辨识准确度指标及相应的计算公式。

（1）基于响应数据吻合度的模型辨识准确度

1）相对最大误差百分数：$J_1 = \dfrac{\max\{|y_k - \hat{y}_k|\}}{\max\{y_k\} - \min\{y_k\}} \times 100\%$

2）相对均方差百分数：$J_2 = \dfrac{\sqrt{\dfrac{1}{N}\sum_{k=1}^{N}(y_k - \hat{y}_k)^2}}{\max\{y_k\} - \min\{y_k\}} \times 100\%$

相对最大误差百分数和相对均方差百分数是衡量在相同激励下被辨识过程和辨识所得模型之间响应数据的吻合程度，这两个指标是实验数据误差分析中常见的指标，通用性强，是模型辨识准确度检验的首选指标。

根据已计算得到的模型准确度指标可评估辨识出过程模型的准确性和有效性。过程模型的有效性则只要预先制定一些类似合格性的界限标准，就可用模型辨识准确度指标评价模型辨识的优劣或合格与否。例如，设定相对最大误差百分数的合格线为15%，相对均方差百分数的合格线为8%，则当所考察的模型相对最大误差百分数和相对均方差百分数的数值都低于相应合格线标准时，可判定所辨识的模型有效。

（2）基于特征参数吻合度的模型辨识准确度指标

仅仅使用基于响应数据吻合度的模型辨识准确度指标是不够全面的，当模型结构选取不当，或优化方法应用有误，或者所采集的数据有缺陷时，则可能出现的响应数据吻合度指标很好，但所得模型并不能代表被辨识过程，因此提出基于特征参数吻合度的模型辨识准确度指标。

基于特征参数吻合度的模型辨识准确度指标定义为

增益比：$\quad P_1 = \dfrac{\hat{K}}{K}$

惯性时间比：$\quad P_2 = \dfrac{\hat{T}}{T}$

迟延时间比：$\quad P_3 = \dfrac{\hat{\tau}}{\tau}$

增益积：$\quad P_4 = K * \hat{K}$

基于特征参数吻合度的模型辨识准确度指标的分析评价方法是：指标P_1、

P_2和P_3越接近于 1 越好；对于P_4，当$P_4 > 0$，说明 K 与$\hat{K}$的作用方向一致；当$P_4 < 0$，说明 K 与$\hat{K}$的作用方向相反了。

利用这两类模型辨识准确度指标计算公式和分析评价方法，就可以对已得到的模型的有效性和准确性做出科学的分析和评价。

6.1.3 被辨识过程的模型结构初步确定方法

由于传统的辨识理论所定义的模型结构辨识问题和所提出的解决方案已远远不能满足实际模型辨识的需要，所以提出确定模型零极点位置的模型结构初步确定方法。这种方法比已提出的模型结构的阶次确定方法更先进、更全面和更实用。所提出的模型结构确定方法是基于过程阶跃响应特征的。

根据参考文献［36］，选出 11 种有代表性的被辨识过程模型结构。研究这 11 种被辨识过程模型的阶跃响应特征并提炼出一些行之有效的识别方法，据此提出一套基于过程阶跃响应特征的被辨识结构模型结构初步确定方法：

假定已知某被辨识过程的阶跃响应曲线，那么可通过观察该过程的阶跃响应曲线，判断出是否具有 7 种类型的阶跃响应特征，根据所具有的那些阶跃响应特征就可初步确定被辨识过程模型所含的具体结构，组合并简化这些模型结构就可初步确定被辨识过程的模型结构。具体的响应特征和模型结构间的对应关系如下：

1）当过程阶跃响应具有时滞型特征时，其模型结构有时滞环节：$e^{-\tau s}$。

2）当过程阶跃响应具有惯性型特征时，其模型结构有惯性环节：$\dfrac{1}{Ts+1}$、$\dfrac{1}{(T_1 s+1)(T_2 s+1)}$、$\dfrac{1}{(T_1 s+1)(T_2 s+1)(T_3 s+1)}$或$\dfrac{1}{(Ts+1)^n}$。

3）当过程阶跃响应具有超前型特征时，其模型结构有超前环节：$\dfrac{K(Ls+1)}{Ts+1}$或$\dfrac{K(Ls+1)}{(T_1 s+1)(T_2 s+1)}$。

4）当过程阶跃响应具有微分型特征时，其模型结构有微分型环节：$\dfrac{Ks}{Ts+1}$。

5）当过程阶跃响应具有积分型特征时，其模型结构有积分环节：$\dfrac{1}{s}$。

6）当过程阶跃响应具有振荡型特征时，其模型结构有振荡环节：$\dfrac{K}{Ts^2+2\zeta Ts+1}$。

7）当过程阶跃响应具有右零点型特征时，其模型结构有右零点型环节：$\dfrac{K(-Fs+1)}{Ts+1}$。

7 种类型模型阶跃响应的特征可归纳为：

1）时滞型模型阶跃响应特征：响应曲线的起始处有一段输出为零的响应；

2）惯性型模型阶跃响应特征：响应曲线的后半段按指数规律衰减变化；

3）超前型模型阶跃响应特征：响应曲线的前半段有上冲的突起；

4）微分型模型阶跃响应特征：响应曲线呈现脉冲曲线特征，先上冲后趋向零；

5）积分型模型阶跃响应特征：响应曲线像一条上坡轨迹，永远爬不到顶；

6）振荡型模型阶跃响应特征：响应曲线上下振荡，常有多频率的振荡叠加；

7）右零点型模型阶跃响应特征：响应曲线起始处存在负响应波形。

6.1.4　闭环辨识理论的几个新观点

闭环辨识理论自 20 世纪 70 年代提出以来，已经发展了 40 多年，许多流行的观点一直写在教科书中而且不断重复出现在新的文献中。但是更深入的研究表明，有些观点并不是无条件地成立，不应该盲目地、毫无顾忌地到处应用。以下整理的新观点，有一部分是对某些流行观点的修正和应用条件的说明；还有一部分是对闭环辨识理论的新认识。

（1）闭环过程的可辨识性并非过去认识的那么差

查阅以往的相关研究文献可以注意到，对待闭环辨识有一个流行的看法是：用直接法闭环辨识时一定要考察闭环可辨识条件；而这些闭环可辨识条件包括：控制器阶数一定要比被控过程的阶数高，控制器不含开环模型函数的公因子，激励至少是 $2n$ 阶持续激励。如此一来，许多实际闭环控制系统都不满足这些条件。于是，众多的研究者热衷于研究新的闭环辨识方法，诸如按照基于开环转换的思路、按照基于噪声协方差补偿的思路、按照基于输出误差递推校正的思路和按照基于高阶累计量的思路等。这样一来闭环辨识方法越研究越复杂，而越复杂的方法越缺少实际应用意义。事实上，随着时代的发展和闭环辨识理论的研究深入，那些闭环可辨识条件并非是一定要考虑的。特别是用智能优化算法取代最小二乘方法，用连续时间模型取代离散时间模型以后，新条件下的闭环辨识问题自然不应当还用旧的理论来解答。因此，现在是应该重新思考和研究新条件下的闭环辨识问题了。

从第 2.3 节的理论分析来看，可辨识性的问题无论开环还是闭环，都与辨识的 6 个要素（过程、模型、激励、数据、准则、优化）相关，任何一个要素出错，都可能影响到可辨识性。开环与闭环的本质区别在于是否存在反馈，闭环反馈将过程输出与过程输入关联起来，如果这种关联造成了输出与输入数据上的线性相关，那么肯定造成模型可辨识性变弱，甚至导致不可辨识。问题是无法从理论上证明，反馈关联一定造成输出与输入数据上的线性相关。相反，从第 2.3 节的辨识试验说明，反馈关联并不影响模型辨识，而且反馈越强辨识越准；这或许是因为激励信号更强，信噪比更大。如果假定反馈关联不会造成输出与输入数据上的线性相关，那么闭环可辨识性问题就是一个不值得研究的伪命题。总之，第2.3节的理论分析和试验研究表明，闭环过程的可辨识性并非过去认识的那么差，完全不必考虑那么多，按照开环辨识一样对待就可以了。

（2）直接辨识方案应当是首选的闭环辨识方案

至今已出现多种闭环过程辨识方法，诸如直接法、间接法、联合输入输出法、两阶段法、参数化法、互质因子法、噪声协方差补偿法、输出误差递推校正法、闭环响应特征试验法、子空间法、子模型法和 NLJ 法等，但是可在工程实际中推广应用的方法却很少。主要原因可归结为方法过于复杂，现场实施可能会危及生产安全，现场工程技术人员难以掌握。从公开的有关研究文献上看，能实际应用的主要是直接法和间接法，而且直接法应用的案例远远多于间接法。

所谓闭环过程辨识的直接法就是依据闭环条件下得到的过程输入和过程输出数据，直接套用开环辨识方法进行被辨识过程模型的优化计算。直接法的优点就是简单易行；直接法的缺点，据说是无视闭环的可辨识性问题而套用开环辨识方法，其辨识有效性和可靠性没有保障。不过，根据前面所述的新观点，当采用智能优化计算方法进行闭环辨识时不必考虑闭环可辨识性问题，这个缺点就不存在了。采用间接法进行闭环过程辨识，理论上是先辨识计算闭环系统模型，再推算过程模型。实际执行时有两种做法，一是先辨识计算闭环系统模型，再推算过程模型；二是直接代入已知的控制器模型参数，以过程模型参数为优化参数，直接辨识计算过程模型。先辨识计算闭环系统模型，再推算过程模型的间接法辨识执行时存在推算困难、推算误差大和推算模型升阶的问题。直接辨识计算过程模型的直接法辨识将可避免先辨识计算闭环系统模型，再推算过程模型的间接法辨识执行时存在推算困难、推算误差大和推算模型升阶的问题。

所谓闭环过程辨识的间接法则是依据闭环系统的输入和输出数据，先用开环辨识方法辨识闭环系统的模型，再利用已知的控制器模型和辨识所得闭环系统的模型去推算过程模型。不过，根据前面所述的新观点，当采用智能优化计算方法进行闭环辨识时不必考虑闭环可辨识性问题，那么选择简单的直接法方案远胜于选择复杂的间接法方案。何况深入研究的结果表明，由闭环系统模型反推过程模型的工作有着难度高、误差大和存在多解的问题，只是采用间接法辨识已毫无优势可言。

还有一种用闭环特征参数推算过程模型的闭环过程辨识的间接法，被称之为闭环特征参数推算法，只要调整闭环控制系统中的控制器参数使系统呈现衰减振荡特性，就可使用这种方法。应用该方法有 3 个步骤：1）做一次系统的阶跃响应试验；2）根据已得阶跃响应曲线计算出几个闭环特征参数；3）根据一些预推公式计算出过程模型参数。显然，该方法的有效性和可靠性是有保障的，但是它存在 3 方面的局限性：1）局限于能做成衰减振荡试验的系统；2）局限于几种常见的过程模型结构；3）根据闭环系统的衰减振荡曲线求解衰减特征参数的过程离不开人工操作和计算，不利于辨识工作的自动化。还有一个缺点是仅凭阶跃响应试验还不能得到全部的闭环特征参数，有几个参数需要通过其他方法获得，这就降低了该方法的可用性。有 3 种较成熟的基于闭环衰减特征参数的间接法辨识工程计算方法：朱学锋（2010）方法、王永初（1984）方法、杨火荣（1990）方法。朱学锋方法较完整但局限于二阶时滞模型和 PI 控制器组成的闭环系统。王永初方法和杨火荣方法都是应用频域性能等价原理。王永初方法局限于高阶时滞模型和 P 控制器组成的闭环系统。杨火荣方法局限于常见的 4 种过程模型和 3 种控制器（P、PI、PID）组成的闭环系统，不过计算复杂还须利用其他方法求取特征参数（例如借助于终值定理求增益 K，通过阶跃响应曲线测取迟延时间 τ）。

（3）设定值激励简单实用又可保障安全

在实际闭环辨识工程中，存在着激励信号如何施加，施加何种类型的激励信号的问题。在传统的闭环辨识中，常见的激励信号是伪随机信号，但是实际的伪随机信号工程实施中，需要有伪随机信号发生器，并且需要专业的技术人员提供技术支持，还存在着激励强度和能量不易调整的问题。相比之下，采用设定值激励信号更简单实用并且更容易把握激励信号的激励强度和能量。

常见两种过程控制系统：恒值控制系统和随动控制系统。对于恒值控制系统，所施加的闭环辨识激励信号应该选单次激励类型，因为按照生产要求预设的设定值要求固定不变。对于随动控制系统，所施加的激励信号可选持续激励类型，特别是可以利用原先预定的设定值变动信号直接用作模型辨识的激励信号。

对于恒值控制系统，需要考虑选择何种类型的单次激励类型的激励信号问题。最简单的类型是单次方波信号。但是，若想控制激励信号不造成过程输出和过程输入超过安全限值的影响，用单次方波就难以做到了。因为方波信号有阶跃突变，激励信号的强度很难控制。为了生产安全，一般都有针对设定值变化幅度和速度的要求，例如幅度不大于 10%，速度不高于每单位时间某阈值。改用梯形波信号，就可很好地控制激励信号的强度和能量，可通过控制梯形波激励信号的幅度、速度和持续时间，使激励后的响应刚好做到不超过程输出量的幅度和速度的限制量，这样就能满足既辨识有效又生产安全的双重要求。

（4）非零初态是以往实际辨识失败的主要原因之一

一般而言，辨识过程都是在零初始的假设条件下进行的，这就要求在辨识过程的起始时刻，被辨识过程已处于完全的静止或平衡状态。但是，在实际辨识过程中，噪声或扰动无时不在，为维持正常生产的频繁调节活动从不中断，几乎找不到完全的静止或平衡状态。更深入的研究表明，以往的零初始条件辨识理论在非零初始条件的辨识实践中处处落败的主要原因之一就是在非零初始条件下应用零初始条件辨识理论。为此，若要在实际工程中实现成功的辨识，要么严格在零初始条件下应用零初始条件辨识理论，要么用非零初始条件辨识理论解决非零初始条件辨识问题。

根据参考文献［23］，非零初始条件下的过程辨识问题可用于将系统状态变量的初始值也当作辨识参数和模型参数一起辨识的方案来解决。

将系统状态变量的初始值当作辨识参数和模型参数一起辨识的方案可简述如下：

假设被辨识过程用连续时间状态方程模型表示为

$$\begin{cases} \dot{X}(t) = AX(t) + Bu(t) \\ \quad\quad y(t) = CX(t) \end{cases}$$
$$X(t = t_0) = X_0$$

若状态变量初始值不为零时，即

$$X_0 \neq 0$$

可将系统状态变量的初始值当作辨识参数和模型参数一起辨识，即设被辨识的模型参数变量为

$$\theta = \begin{bmatrix} A & B & C & X_0 \end{bmatrix}$$

为了避免模型的被辨识参数过多，可利用传递函数模型易于转换成状态方程模型的特点，将状态方程模型的被辨识参数换成传递函数模型的参数，即

$$\theta = \begin{bmatrix} G(a_i & b_i) & X_0 \end{bmatrix}$$

进一步的研究还可发现，状态变量的初始值也为被辨识参数后，将使被辨识参数的总数量大为增加，被辨识参数数量的增加量将是系统的阶数。辨识结果是增加了模型辨识的工作量并降低了模型辨识的准确度。

（5）有扰动通道的被控过程模型辨识问题是多变量模型辨识问题

在实际闭环控制系统中，被控过程的输出量将受到受控过程的两类通道、多个输入变量的作用。首先是可控通道，对于单回路、单变量的控制系统，可控通道只有一路，也就是对应于一个控制量的作用；对于多回路、多变量的控制系统，可控通道将有多路，也就是对应于多个控制量的作用。其次是扰动通道，即便是对于单回路、单变量的控制系统，被控过程的扰动通道输入还可分为 4 类：可测扰动类、不可测扰动类、未知扰动类和随机噪声扰动类，这 4 类扰动通道输入都将作用于被控过程的输出量。以往的闭环辨识理论大多局限于考虑可控通道一项输入变量，至多加上一项随机噪声扰动输入变量。这样的理论面对具有多回路控制和多类干扰量的真实过程模型辨识就变得苍白无力了。出现闭环辨识理论

应用与真实过程总辨不准的众多案例就不奇怪了。

对于可测扰动通道，其输入量必然是可以测到的。因此，对于可测扰动通道输入敏感的被控过程的模型辨识，应该将可测扰动通道模型与可控通道模型一起辨识。

对于不可测扰动通道，其输入量虽然在分析中存在，但是实际检测不可能实现。虽然知道这些输入量将必然对输出量产生影响，但是却因这些量不可测而无法建立相应的可测扰动通道模型。

对于未知扰动通道，其输入量甚至不能分析得知。在过程模型辨识中，未知扰动通道可以和不可测扰动通道归在一起处理。

对于随机噪声扰动通道，其输入量虽然在分析中存在，但是实际检测也是很困难，因为无法将噪声和有效的过程输出严格分开。然而，噪声的统计特性还是可以量测的，建立噪声模型也具有可行性。在过程模型辨识中，对于随机噪声扰动通道，一般有忽略和建立模型两种处理方案。

总之，闭环控制系统中被控过程的输出量实际上将受多类多项输入量的作用。因此，被控过程模型辨识的问题应该是一个多变量模型辨识问题。

应当指出，多入、多出模型辨识问题并非可以简单套用单入、单出模型辨识方法解决，必须用多变量辨识的方法解决。

(6) 模型辨识激励信号的选用关键在于强度足够高、能量足够大和频谱与被辨识过程相匹配。

激励信号强度足够高、能量足够大和频谱与被辨识过程相匹配，才能激发出足以准确辨识过程模型的响应。此外，还应考虑激励信号的产生和施加的便利性以及在线激励时的生产安全性。无论是对于开环辨识还是闭环辨识，模型辨识的激励信号的选用要求应该是相同的。

6.1.5 不稳定过程的闭环辨识方法

不稳定过程辨识课题的研究一直是辨识领域的难点之一。针对用直接辨识方法辨识线性定常不稳定连续系统模型失效的问题，提出一种滤波约分辨识方法。所提出的滤波约分辨识法的核心是利用滤波约分将不稳定系统转化为稳定系统。此外，滤波约分辨识法采用的是非线性搜索性能较好和收敛速度较快的粒子群算法。

设滤波器为

$$f(p) = \frac{A'(p)}{F(p)}$$

经过滤波后的系统输出为

$$y_f(t) = f(p) \cdot y(t)$$

$$= \frac{B(p)}{A^*(p)F(p)} \cdot e^{-\tau p} u(t) + \frac{A'(p)}{F(p)} v(t)$$

此时的系统已转化为稳定系统，输出误差表示为

$$\varphi'_{OE} = f(p) \cdot y(t) - \frac{B(p)}{A^*(p)F(p)} \cdot e^{-\tau p} u(t)$$

$$= y_f(t) - \hat{y}_f(t|\theta)$$

则模型的参数辨识的适应度函数为

$$J_f(\theta) = \sum_{t_k=1}^{N} \left[y_f(t_k) - \hat{y}_f(t_k | \theta) \right]^2$$

辨识出的参数为

$$\hat{\theta} = \arg\min_{\theta \in U} J_f(\theta)$$

经滤波器滤波约分后的系统$\hat{y}_f$保留了原系统的稳定极点，不稳定极点由滤波器的$F(p)$所取代。滤波后的系统成为与原系统同阶的稳定系统，保证了系统模型误差的收敛性。

6.1.6 有色噪声背景下的闭环辨识方法

选择合适的模型对系统辨识十分重要。Box – Jenkins 模型是一种过程模型和噪声模型相结合的参数模型，是解决包含有色噪声的辨识问题的一种有效方法。

由于对于系统中的噪声部分，在实际中连续时间的噪声 ARMA 模型是无法完全采用直接估计方式进行辨识的，大部分都采用离散方法，因此过程为连续时间模型、噪声为离散时间模型的混合 Box – Jenkins 模型可以较好地解决这类问题，更有效地表征系统特性。

对混合 Box – Jenkins 模型的参数辨识，若采用常规粒子群算法进行辨识，极易使结果陷入局部最优，难以达到对系统参数的有效估计。将连续过程模型与离散噪声模型进行分离，采用粒子群优化算法对两部分模型进行交替估计，可避免对系统直接进行估计而容易陷入局部最优的缺陷，辨识结果更为精确可靠。将交替估计混合 Box – Jenkins 模型的辨识方法应用到某火电机组烟气脱硝模型辨识的案例研究表明，可得到更准确的以氨气流量为输入、烟囱出口NO_X含量为输出的脱硝模型，从而验证了该方法的工程应用有效性。

混合 Box – Jenkins 模型可以有效地表示含噪声干扰系统的特性，它的过程部分采用连续时间模型，噪声部分采用离散时间模型。连续时间过程模型可以被描述为

$$G(s) = \frac{B(s)}{A(s)} = \frac{b_0 s^n + b_1 s^{n-1} + \cdots + b_n}{s^m + a_1 s^{m-1} + \cdots + a_n}$$

输入$u(t)$和无噪声的输出$x(t)$可以描述为

$$x(t) = G(p)u(t) = \frac{B(p)}{A(p)}u(t) = \frac{b_0 p^n + b_1 p^{n-1} + \cdots + b_n}{p^m + a_1 p^{m-1} + \cdots + a_n}u(t)$$

若添加有色噪声$H(t)$，选择合适参数表示为

$$H(t) = \frac{D(z^{-1})}{C(z^{-1})}w(t) = \frac{1 + c_1 z^{-1} + \cdots + c_n z^{-n}}{1 + d_1 z^{-1} + \cdots + d_m z^{-m}}w(t)$$

其中，离散的有色噪声 $H(t)$ 必须稳定，即 $C(z^{-1})$ 和 $D(z^{-1})$ 的根都在单位圆内。

$$y(t) = G(p)u(t) + H(t) = \frac{B(p)}{A(p)}u(t) + \frac{D(z^{-1})}{C(z^{-1})}w(t)$$

若对上述混合 Box – Jenkins 模型的辨识，设过程部分 $G(p)$ 的估计结果为 $\hat{G}(p)$，噪声部分的估计结果为 $\hat{H}(z^{-1})$，则混合的 Box – Jenkins 模型采用的误差准则函数为

$$J = \sum_{t=1}^{N} \left\{ \hat{H}(z^{-1})^{-1}\left[y(t) - \hat{G}(p)u(t) \right] \right\}^2$$

用常规的粒子群算法直接辨识混合 Box – Jenkins 模型极易陷入局部最优，若采取过程模型与噪声模型交替估计的方法可有效地避免直接辨识的缺陷，排除噪声的干扰，使辨识模型结果更为精确。

在获取有色噪声干扰下的系统模型输入输出数据后，先忽略有色噪声模型部分，利用 PSO 算法仅对过程模型部分进行辨识，得到参数估计结果。将已辨识出的过程模型代入原有的混合 Box – Jenkins 模型中，对有色噪声模型部分进行辨识，得到噪声模型的估计结果，在此基础上，继续将其辨识结果代入混合 Box – Jenkins 模型，对过程模型再次进行辨识。按照这种过程模型、噪声模型依次交替循环的估计方法，减小了噪声对模型估计的影响，最终使辨识结果逐渐逼近实际过程模型。

在辨识过程中采用不同形式的最小误差准则函数，在对连续时间模型部分进行参数辨识时，θ 为待优化问题的参数，由于忽略了噪声部分，模型的输出预测值为

$$\hat{y}_1(t|\theta) = \frac{B(p)}{A(p)}u(t)$$

连续时间过程模型部分的优化准则函数为

$$J_1 = \sum_{t=1}^{N} \left[y(t) - \hat{y}_1(t) \right]^2$$

对离散的噪声模型部分进行估计时，输出预测值为

$$\hat{y}_2(t|\theta) = \frac{C(Z^{-1})B(p)}{D(Z^{-1})A(p)}u(t) + \left[1 - \frac{C(Z^{-1})}{D(Z^{-1})} \right]y(t)$$

离散时间过程模型部分的优化准则函数为

$$J_2 = \sum_{t=1}^{N} \left[y(t) - \hat{y}_2(t) \right]^2$$

6.1.7 基于智能优化算法的设定值激励闭环过程直接辨识技术

按照实用工程技术的可行性、简便性、有效性和可靠性的要求，第 4 章给出了一套采用设定值激励、直接法闭环辨识和智能优化（粒子群算法）计算方法的闭环控制系统的被控过程模型辨识实用工程技术。该套技术的特征可归纳为下述 9 点：

1）采用连续时间模型——传递函数模型为被辨识过程模型。

2）采用简单易行的设定值激励信号实施闭环辨识激励。对于恒值控制系统，采用梯形波设定值激励信号；对于随动控制系统，采用阶跃设定值激励信号或利用常用的随动控制设定值信号。

3）根据预设的单回路闭环控制系统调，整时间自动设置辨识数据的采样周期和数据长度，并自动采集被辨识过程的输入输出响应数据。

4）根据被辨识过程的先验知识，预选模型结构和初定模型参数域优化范围。

5）采用了现代智能优化计算方法和优化的算法参数进行过程模型辨识的计算。

6）根据模型先验知识和实际辨识数据，对已辨识得到的过程模型进行模型准确度指标的计算。

7）根据已算得的模型准确度指标，全面分析和评估辨识出的过程模型的准确性和有效性。

8）采用的闭环辨识方法属于闭环辨识直接法。

9）注重模型辨识的应用条件。在非零初始条件下，应用非零初态模型辨识方法；在零初始条件下，应用零初态模型辨识方法。

6.1.8 热电偶自动检定装置上的实物试验验证案例

所提出的闭环过程设定值激励直接辨识技术应用于一个实际的控制系统物理装置，这个实际装置是热电偶检定炉炉温控制装置。具有大惯性特征的检定炉炉温被控过程的多点高准确度控制已是温度控制中一个公认的难控案例，因为被控过程的特性会随着设定点温度而改变，特别需要实时辨识获取真实的特性模型以满足控制器优化整定的需要。

在这个实物试验验证案例中，进行了 4 项试验：开环阶跃响应辨识试验、闭环设定值阶跃激励辨识试验、闭环设定值梯形波激励零初始假定下的辨识试验和闭环设定值梯形波激励非零初始假定下的辨识试验。

开环阶跃响应辨识试验结果说明，检定炉炉温被控过程可以用带有超前因子的 3 容模型结构准确描述；还说明所开发的基于 PSO 的辨识技术是好用的。

闭环设定值阶跃激励辨识试验结果说明，闭环设定值阶跃激励辨识技术是完全可行的。该试验的初始条件是室温环境下的平衡状态，与假设的零初始条件符合。基于零初始条件的辨识计算结果也证明模型的准确度很高。

闭环设定值梯形波激励零初始假定下的辨识试验结果说明，当实际情况不符合零初始假定条件时，基于零初始条件的辨识计算所得模型误差很大。

闭环设定值梯形波激励非零初始假定下的辨识试验结果说明，当实际情况不符合零初始假定条件时，基于非零初始条件的辨识计算所得模型具有较高的准确度。

总之，所开发的闭环过程设定值激励直接辨识技术应用于热电偶检定炉炉温控制装置的实物试验验证案例有效地证明了该技术的工程应用的可行性。

6.2 展望

关于闭环辨识理论，包含的内容很多，以上陈述的研究内容，应该只占闭环辨识理论中很小的一部分，而且是偏工程应用层面的一部分。由于研究初衷是获得一种可实际应用的闭环辨识理论，所以更深的理论和复杂度较高的研究课题都被放弃了。相反，为了解决实际应用问题，一些新的理论性不强的研究课题被提出来，并且试图找到对应的理论方法和工程技术。在这个研究过程中，许多问题有了新的解答；许多问题久久难下结论；许多问题还需要进一步讨论。无论如何，现在的研究结果至少为闭环辨识理论的工程应用解决了一些困惑，为闭环辨识理论的工程应用提供了一套可行的工程技术。

热电偶检定炉炉温控制装置的实物试验验证案例，一方面验证了所提出的闭环过程设定值激励直接辨识技术的可行性，另一方面也启发了闭环辨识理论研究新思维。智能优化算法用于温度过程辨识尚可，用于更快的动态过程恐怕就不行了，看来高速的过程辨识优化算法研究是需要进一步深入研究的。在炉温模型辨识时，应用非零初始假定条件下专用辨识技术是有效的，但不算好，需要进一步改进。炉温模型结构是准确已知的，所以有高准确度的模型辨识结果，若是过程模型结构未知呢？这些都是需要我们进一步开展深入研究的。

参 考 文 献

[1] 萧德云. 系统辨识理论及应用［M］. 北京：清华大学出版社，2014.

[2] 刘党辉，等. 系统辨识方法及应用［M］. 北京：国防工业出版社，2010.

[3] 方崇智，萧德云. 过程辨识［M］. 北京：清华大学出版社，1988.

[4] 王志贤. 最优状态估计与辨识［M］. 西安：西北工业大学出版社，2004.

[5] LJUNG L. 系统辨识——使用者的理论［M］. 袁震东，译. 上海：华东师范大学出版社，1990.

[6] Isermann R，Münchhof M. 动态系统辨识——导论与应用［M］. 杨帆，等译. 北京：机械工业出版社，2016.

[7] 潘立登，潘仰东. 系统辨识与建模［M］. 北京：化学工业出版社，2004.

[8] 王晓陵. 系统建模与参数估计［M］. 哈尔滨：哈尔滨工程大学出版社，2003.

[9] 张玉铎. 系统辨识与建模［M］. 北京：中国水利水电出版社，1995.

[10] 蔡季冰. 系统辨识［M］. 北京：北京理工大学出版社，1989.

[11] 朱豫才. 过程控制的多变量系统辨识［M］. 长沙：国防科技大学出版社，2005.

[12] 李少远，蔡文剑. 工业过程辨识与控制［M］. 北京：化学工业出版社，2010.

[13] 莫建林，王伟. 系统辨识中的闭环问题［J］. 控制理论与应用，2002，19（1）：9－14.

[14] 陆吾生，胡仰曾. 闭环可辨识性及辨识精度述评［J］. 信息与控制，1982，(5)：33－38.

[15] GUSTaVSSON I，LJUNG L，SODERSTROM T. Identfication of Processes in Closed Loop － Identifiability and Accuracy Aspects［J］. Automatica，1977（13）：59－75.

[16] 王永初. 仪表系统的闭环测试方法［M］. 成都：四川科学技术出版社，1984.

[17] 朱学峰，肖术骏，王秀. 一种新的实用 PI 控制闭环辨识方法［J］. 控制理论与应用，2010，27，(9)：1240－1244.

[18] 杨火荣，符永法. 对象模型辨识的闭环扩充频率法［J］. 自动化与仪表，1991，11（4）：29－35.

[19] 韩璞. 现代工程控制论［M］. 北京：中国电力出版社，2017.

[20] 万百五，等. 控制论——概念、方法与应用［M］. 2 版. 北京：清华大学出版社，2014.

[21] LJUNG L. Identfication for Control：Simple Process Models［C］. Precedings of 41st IEEE Conference on Decision and Control，Los Vegas Nevada，USA，2002，12：4652－4657.

[22] 姜景杰，等. 一种闭环对象辨识方法及其在生产中的应用［J］. 南京航空航天大学学报，2006（38）：70－73.

[23] 靳其兵，等. 具有不稳定初始状态的连续时间系统辨识［J］. 控制理论与应用，2011，28（1）：125－130.

[24] GALVAO R K H，YONEYAMA T，ARAUJO FM U，et al. A Simple Technique for Identifying a Linearized Model for a Didactic Magnetic Levitation System［J］. IEEE Transactions on Education，2003，46（1）：22－25.

[25] PETERSON K，GRIZZLE J，STEFANOPOULOU A. Nonlinear control for magnetic levitation

of automotive engine valves［J］. IEEE Trans. Contr. Syst. Technol, 2006, 14（2）: 346 - 354.

［26］ HUZEFASHAKIR, WON - JONGKIM. Time - Domain Fixed - Structure Closed - Loop Model I-dentification of an Unstable Multivariable Maglev Nanopositioning System［J］. International Journal of Control, Automation, and Systems , 2011, 9（1）: 32 - 41.

［27］ 王丽娇. 基于特征模型的高阶线性不稳定系统的参数辨识与控制［J］. 空间控制技术与应用, 2010, 36（5）: 25 - 31.

［28］ 丁锋. 辨识 Box - Jenkins 模型参数的递推广义增广最小二乘法［J］. 控制与决策, 1990, 5（6）: 53 - 56.

［29］ 陈晓伟, 丁锋. 有色噪声系统的迭代辨识与递推辨识方法仿真比较研究［J］. 系统仿真学报, 2008, 20（21）: 5758 - 5762.

［30］ 张瑞金, 张文英, 吴捷. Box - Jenkins 模型阶次与参数同时估计的递推算法［J］. 电机与控制学报, 2003, 7（2）: 157 - 160.

［31］ 杨聪巧, 杨剑锋. 基于 Box - Jenkins 模型的迭代辨识与控制器设计方法研究［J］. 常州工学院学报. 2010, 23（6）: 35 - 40.

［32］ 杨慧中, 张勇. Box - Jenkins 模型偏差补偿方法与其他辨识方法的比较［J］. 控制理论与应用, 2007, 24（2）: 215 - 222.

［33］ LI Quanshan, Li Dazi, Gao Liulin. Closed - loop identification of systems using hybrid Box - Jenkins structure and its application to PID tuning［J］. Chinese Journal of Chemical Engineer-ing, 2015（23）: 1997 - 2004.

［34］ RAO G P, UNBEHAUEN H. Identification of continuous - time systems［J］. Control Theory and Applications, 2006: 185 - 220.

［35］ PETER YOUNG, HUGUES GARNIER, MARION GILSON. An Optimal Instrumental Variable Approach for Identifying Hybrid Continuous - time Box - Jenkins Models［C］. IFAC Proceed-ings Volumes, 2006, 39（1）: 225 - 230.

［36］ 杨平等. PID 控制器参数整定方法及应用［M］. 北京: 中国电力出版社, 2016.

［37］ 徐小平, 钱富才, 刘丁. 基于 PSO 算法的系统辨识方法［J］. 系统仿真学报, 2008, 20（13）: 3525 - 3528.

［38］ 张洪涛, 胡红丽, 徐欣航, 等. 基于粒子群算法的火电厂热工过程模型辨识［J］. 热力发电, 2010, 39（5）: 59 - 61.

［39］ 靳其兵, 张建, 权玲, 等. 基于混合 PSO - SQP 算法同时实现多变量的结构和参数辨识［J］. 控制与决策, 2011, 26（9）: 1373 - 1381.

［40］ 王东风, 孟丽. 粒子群优化算法的性能分析和参数选择［J］. 自动化学报, 2016, 42（10）: 1552 - 1561.

［41］ 李斌, 李文锋. 基于仿真的优化的粒子群算法参数选取研究［J］. 计算机工程与应用, 2011, 47（33）: 30 - 35.

［42］ 刘欣蔚, 等. 粒子群算法参数对新安江模型模拟结果的影响研究［J］. 南水北调与水利科技, 2018, 16（11）: 69 - 74.

［43］林振思，等．微粒群算法参数设置的正交试验分析［J］．福建工程学院学报，2016，14（1）：55－61.

［44］周文．粒子群优化算法及其参数设置的研究［J］．湖北职业技术学院学报，2006，9（4）：93－96.

［45］杨平．管式电阻炉的动态特性［J］．上海电力学院学报，1986（2）：25－30.

［46］杨平．多容惯性标准传递函数控制器——设计理论及应用技术［M］．北京：中国电力出版社，2013.